안전한 시공, 안전한 업무 그리고 안전한 거주 환경을 위한

안전설계의
첫걸음

안전한 시공, 안전한 업무 그리고 안전한 거주 환경을 위한

안전설계의 첫걸음

DESIGN FOR SAFETY

이승순 지음

DANGER DANGER DANGER DANGER DANGER DANGER DANGE

산업재해의 80%는 안전사고에서 비롯된다

안전수칙 미준수, 관리 미흡, 부주의 등
가장 기초적인 것이 원인이 되어 산업재해가 발생한다

좋은땅

안전이란……

"한 사람이 아침에 집을 나와 일을 마치고
저녁에 무사히 가족 품으로
돌아가는 것이다."

산업재해의 80%는 안전사고에서 비롯된다. 안전수칙 미준수, 관리 미흡, 부주의 등 가장 기초적인 것이 원인이 되어 산업재해가 발생한다.
왜 기초적인 문제로 인해 안전사고가 발생하는지 생각해 보자.

일반적으로 건축·건설사업에서 안전활동은 시공단계에 편중되어 있다. 안전사고가 집중되어 발생하는 단계이니 당연한 조치라고 판단된다.
하지만 생각을 살짝 바꾸어 보자. 촉박한 시공일정과 과도한 시공 업무량에 안전활동 업무량이 가중되어 오히려 기초적인 안전수칙 위반 및 부주의를 부추기는 것이 아닐까 생각해 본다.
일반업무는 설계, 시공 그리고 유지보수(사용)단계로 시스템적으로 잘 분산되며 책임소재도 분명하다. 그러나 안전업무는 그렇지 않다.

설계단계에서는 시공상 발생할 수 있는 위험성을 파악하지 못하며, 시공단계는 과도한 업무량으로 안전활동을 소홀히 한다. 유지보수단계는 설계와 시공에서 잠재된 위험성을 파악하지 못하고 사용자를 위험요소에 노출시킨다. 안전업무를 시스템적으로 변화시키지 못한다면 우리는 끊임없이 위험요소에 노출되고 산업재해율은 떨어지지 않을 것이다.

다행히도 현재 안전업무를 시스템적으로 변화시키려는 여러 가지 시도가 이루어지고 있으며, 설계안전성검토도 이런 시도 중의 하나이다.

설계안전성검토란, 설계단계에서 시공 및 유지보수단계에서 발생할 수 있는 위험요소를 사전에 파악하고 분석하여 제거하는 것을 뜻한다. 또한 안전업무의 시스템적 분업화를 통하여 안전업무의 주체를 궁극적으로 변화시키는 행위이다.

안전활동의 변화

	주체	주요업무	
현행	시공사	시공사 선도의 건설안전수행	안전업무과중/편중 부적절한 설계에 의한 안전사고 예방불가 발주자 안전무관 계약조건
방안	발주자 설계사 시공사	안전책임과 역할분산 발주자 안전참여 선도 기획설계 시 안전고려	안전업무 과중해소 발주자의 안전지원 및 참여 설계오류 사전 제거
확대 방안	발주자 설계사 시공사 유지보수 사용자	+ 건축물 생애주기 안전문화 정착	+ 사용자 우선한 안전문화 안전디자인 적용

설계안전성검토는 제도적인 의미에서 훌륭하다. 하지만 직접적으로 실행해야 하는 설계자의 입장에서는 또 하나의 업무가 늘어난 것이고 '안전'이란 단어 자체도 쉽게 받아들일 수 없다. 실행을 위한 '이해도' 자체가 없기 때문이다.

설계안전성검토에 대한 설계자의 생각	
일단 일이 많아져요!	특히 보고서 작업 등
DFS가 무엇인지? 안전은?	배운 적도, 생각해 본 적도 없음!
Risk 평가를 하라고요?	이걸 또 배워야 하나?
시공단계의 위험을 어떻게?	시공도 모르고 시공사가 안 지키면?
설계기간도 늘어나는데 돈은?	업무에 대한 보상?

처음 나도 설계안전성검토를 접하였을 때, 그리고 안전에 대해 공부를 시작하였을 때, 같은 생각이었다. 그래서 새로 시작하는 분들을 위해 설계안전성검토의 이해를 돕고 안전에 대한 거부감을 조금이나마 덜어 주고자 이 책을 쓰게 되었다.

끝으로 '안전'에 대한 이해를 할 수 있도록 도와준 모든 분들께 감사드리고, 특히 멀리 미국에서 건너와 1년 동안 나를 교육시켜 준 BGI의 Gerald W. Moore와 BGI 한국지사장님, 무영건축 대표님 그리고 임직원 분들께 감사드린다.

PART

설계안전성 검토

Design for Safety

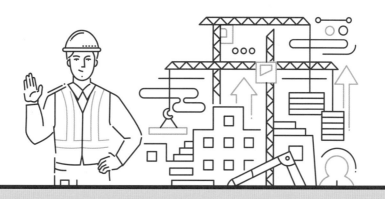

Design for Safety(DFS)

즉, '설계안전성검토'란

시공 중이나 완공 후 사용단계 또는

유지보수 작업 중에 발생할 수 있는

안전사고의 '위험성(Risk)'을

설계단계에서 파악 및 분석하여

위험요소(Hazard)를

제거, 대체 또는 저감시키는

일련의 업무를 뜻한다.

설계안전성검토 (Design for Safety)란?

설계안전성검토(Design for Safety)의 역사

안전에 대한 인식은 18세기 중반 산업화가 진행되면서 일반엔지니어링 분야에서 시작되었다. 초기에는 엘리베이터, 보일러, 발전기 및 공장설비 등 단지 기계장비 보호, 제어를 위한 개념으로 시작되었고, 사용자, 관리자 즉, 인간의 안전 개념이 중요시되면서 환기 시스템 모니터링, Log-out/Tag-out(LO/TO) 등으로 보호 장치 및 시스템으로 발전하였다. 최근에는 작게는 인체공학 기반의 공구 및 사무기기에서 대규모 화학, 반도체 공장까지 안전설계 개념이 확대되었다.

하지만 여전히 인적, 물적 사고는 끊임없이 발생하고 있었다.

미국의 한 조사에 따르면 산업화 이후부터 2000년대 초반까지 매년 55,000명이 직업에 관련한 상해 및 질병으로 사망하고 294,000명이 질병을 겪으며, 380만 명이 부상을 당했다고 한다.

또한 연간 사고로 인해 직간접비용은 1280억 달러에서 1500억 달러로 추정하였다. 사고율을 낮추고 방지하기 위해 다방면으로 연구가 시작되었고, 호주에서는 산업분야 안전사고 사망자의 37%를 사업초기단계의 안전계획을 통해 방지할 수 있다는 연구를 내놓기도 하였다. 또한 안전사고 과반 이상이 건축, 건설 분야에서 발생하며 유지보수과정과 사용과정에서도 다수 발생한다는 연구도 발표되었다.

이를 바탕으로 2007년 마침내 미국에서는 산업안전보건연구소(The National Institute Occupational Safety and Health/NIOSH)에서 설계안전성검토(Prevention through Design/PtD = Design for Safety)에 대한 기본 개념과 실행 방안과 정책 등을 정리하여 공식적으로 시행하기 시작하였다.

비슷한 시기 유사한 목적으로 영국에서는 Construction Design Management(CDM)법을 재정하여 안전설계를 관리하기 시작하였다.

또한 호주는 Safety Design Australia(SDA)라는 이름으로 안전관리 프로세스를 운영하고 있으며, 싱가포르는 대한민국과 동일 명칭의 설계안전성검토(DFS)* 제도를 2015년부터 시행하고 있다. 특히 싱가포르는 DFS 코디네이터라는 국가자격증을 취득한 사람이 DFS 업무를 담당하고 있다.

대한민국은 건설진흥법 개정, 법률 제13324호를 근거로 2015년 5월 18일 공포, 2016년 5월 19일 이후 해당하는 프로젝트의 설계부터 DFS를 적용하여야 한다.

---

* 설계안전성검토(Design for Safety)는 'DFS'로 통칭하여 쓰기로 한다.

대한민국 DFS 도입 배경

한국안전보건공단(Korea Occupational Safety & Health Agency/KOSHA)의 2016년 산업재해 발생현황에 따르면 전체 재해자수는 90,658명이며, 사고 재해자수는 그 가운데 82,780명이다. 총 1,777명이 사망하였고, 이 중 969명이 질병이 아닌 직접적인 안전사고로 인한 사망이었다. 특히 사고 사망자 중 51.5%에 해당하는 499명이 건설업 관련 사고였고, 이는 전년 대비 62명 증가한 수치이다.

2016년뿐만 아니라, 지난 10년간 여러 산업 분야에 걸쳐 사망사고는 증가하였고, 불명예스럽게도 대한민국은 OECD 회원국 중 산업재해 사망률 1위(10만 명당 6.8명 사망, 2013년 기준)의 기록을 가지고 있다. 영국(0.6명 사망/10만 명)의 9.1배, 미국(3.3명 사망/10만 명)의 1.8배에 해당한다. 그리고 건설업 분야는 지속적으로 50% 이상의 사망사고 비율을 가져가며 건설산업 사고의 심각성이 크게 대두되었다.

특히 국토교통부 건설안전과의 발표에 따르면 최근 건설재해 발생 원인을 분석한 결과 사고의 94%가 기본적인 안전수칙 미준수, 안전설비 결함 및 안전관리체계 미흡 등이 원인이었다고 하였다.

우리나라 건설공사 현장이 기초적이면서 입체적인 위험요소 제거 노력이 부족했다는 반증이라고 지적하였다.

따라서 기본적인 안전관리체계의 변혁이 필요하였으며 미국, 영국에서 이미 시행하고 있는 DFS 즉, 설계안전성검토의 도입을 적극 고려하게 되었다.

처음 DFS 제도 도입의 직접적인 시발점은 2014년 2월 경주에서 발생한 마우나 리조트 체육관 붕괴사고였으며, 같은 해 7월 제도적 개선 방안이 예고되었다. 그리고 2015년 설계안전성검토(Design for Safety/DFS)가 건설기술진흥법 개정으로 통해 공포되었다.

대한민국 DFS 관련 법령

① 도서 작성: 건설기술진흥법 제48조 및 동법 시행규칙 제40조
② 설계안전성검토: 건설기술진흥법 시행령 제75조의2
③ 안전관리계획 수립: 건설기술진흥법 시행령 제98조 및 제101조의2
④ 건설공사 안전관리 업무매뉴얼: 건설공사 안전관리 업무수행 지침
(국토교통부 고시 제2016-718호)

법령의 간단한 취지를 요약하자면, 시공자와 건설사업관리자에게만 의존해 왔던 시공단계 중심의 안전관리체계에 설계자의 책임과 역할을 추가시킨다는 것이다.
설계단계에서 위험요소를 사전에 찾아내 해결하는 것이 가장 효율적이기도 하며, 설계자와 발주자의 시공 및 작업자 안전대책에 대한 지식 및 경험 부족이 안전관리의 큰 장애물임을 인식하고 보다 적극적으로 설계자와 발주자를 건설안전 관리체계에 포함시키기 위함이다. 또한 마우나 리조트 체육관 붕괴사고가 DFS 도입의 발단이 된 것을 본다면, DFS는 시공상의 발생하는 산업재해 사고뿐만 아니라 시설물을 이용하는 사용자들의 안전까지 확대한 개념의 제도라고 보는 것이 타당하다.

설계안전성검토 보고서 작성 대상과 시기

① 대한민국 설계안전성검토 보고서 요약

구분	내용
목적	시공단계의 작업자 및 목적물의 안전성 확보 및 사용자 입장에서 안전성 확보 여부
검토기관	발주청의 기술자문위원회 또는 한국시설안전공단
작성자	설계자

시기	실시설계 80%(설계도면과 시방서, 내역서, 구조 및 수리계산서가 완료되는 시점) 정도일 때, 설계자가 직접 작성(발주청과 시기협의 결정 가능)
검토결과	국토교통부에 제출, 검토결과 및 보완내용을 설계도서에 반영하여야 함

② DFS보고서 적용대상

'건설기술진흥법 시행령 제75조의2'에 명시된 건설공사로 '안전관리계획*'이 필요한 공사이다. 현재는 발주청 발주한 공사만 해당한다. 즉, '건설기술 진흥법' 제2조 제6호 및 '건설 진흥법 시행령' 제3조 각 호에 해당하는 기관의 장 즉, 공공발주 건물 중 '안전관리계획'이 필요한 공사만 'DFS'를 시행한다. 단, 아직은 민간공사에는 강제성이 없다.

해외 DFS 제도

① 미국: PtD(Prevention through Design)

NIOSH와 산업안전보건공단(Occupational Safety and Health Administration/OHSA) 그리고 미국규격협회(American National Standard Institute/ANSI)를 중심으로 각종 규정을 근거로 현재 운영되는 설계안전성검토의 기본 절차를 만들었으며 다양한 건설 경험을 바탕으로 설계안전성검토 업무를 진행하고 있다. 관련 법규는 다음과 같다.

• ISO/DIS 45001 Occupational Health and Safety Management System

ISO 45001은 생산품이나 결과물에 초점을 맞추는 것이 아닌, 직장 내 안전문화 구현을 목표로 하고 있다. 50개국 이상 이미 ISO 45001의 초안에 동의하였으며, 경영 시스템과 산업안전 문화가 결합된 이 표준은 최근 50년 동안 가장 중요한 보건 및 안전 표준이 될 것으로 예상된다. 또한 국제 표준이 아닌 ANSI 등을 효과적으로 대체할 것으로 본다.

---

* 안전관리계획 수립 대상 건설공사: 공공공사 중 1, 2종 시설물, 지하 10m 이상 굴착공사, 10층 이상 건축물, 수직 증축 리모델링, 대형가설구조물공사, 천공기, 항타 및 항발기 사용, 타워크레인을 사용하는 공사

• ANSI/ASSE Z590.3 - 2011(R2016) Prevention through Design

설계를 통한 사고 예방 및 위험요소에 대처하기 위한 표준으로 2007년 처음 만들어져 현재는 2016년 개정판을 사용한다. 이 표준은 안전보건관리 시스템을 바탕으로 설계안전성검토에 대한 가이드라인을 제시한다. 시공, 사용, 유지 및 철거 등 건물의 수명 기간 동안 발생할 수 있는 위험요소를 설계과정에서 도출하고 저감, 제거하는 프로세스에 대한 내용을 담고 있다.

• ANSI/ASSE Z10, Occupational Health and Safety Management System

미국산업위생협회(American Industrial Hygiene Association/AIHA)가 1999년 만든 표준으로 현재는 2012년 개정판을 사용한다. ANSI 표준은 법적 구속력은 없지만 다양한 분야에서 표준으로 사용하고 있다. 이 표준의 다섯 가지 주요 내용은 다음과 같다.

1. Participation: 경영진과 직원들의 참여의식 고양

2. Plan: OHSM(Occupational Health and Safety Management)를 체계화

3. Operation: 우선순위에 따라 시행 및 적용

4. Evaluation: 경영진의 정기적 평가 및 시정

5. Review: 매년 정기적으로 미흡했던 부분을 확인하여 개선 적용

② 영국: CDM(Construction Design Management)

시기상으로는 가장 먼저 설계안전성검토 제도를 정비하여 운영해 왔으며, 프로젝트별로 발주자가 설계안전성검토 대표설계자/대표시공자(Principle Designer/Contractor)를 선정하여 설계, 시공 전체의 업무를 총괄하는 역할을 맡긴다. 관련 법규는 아래와 같다.

• Construction Design Management Regulation 2007

설계와 시공업무가 익숙하지 않은 발주자를 대리하는 CDM코디네이터를 두어 발주자와 설계/시공간의 중간에서 설계/시공 전반에 걸친 안전업무 기준 및 관리 등을 담당한다.

• Construction Design Management Regulation 2015

2015년 건설 설계 관리 규정으로 발표되어 기존의 CDM 2007을 대체하는 규정이다. 기존 CDM코디네이터 제도가 효용성이 없다고 판단하고 코디네이터 제도를 없애고 설계

와 시공 각 분야의 대표 설계자와 시공자(PD/PC)가 발주자와 협업을 통해서 안전관리 업무를 담당한다. 특히 대표설계자(PD)의 역할이 가장 중요하며 프로젝트 진행 전 발주자의 요구사항을 반영하고 유사사례 분석을 통한 안전기준, 위험성 수용 범위를 결정한다. 설계자와 대표시공자(PC)는 대표설계자가 마련한 안전기준 등을 따라야 한다.

ANSI와는 다르게 법적 구속력이 있는 법이다. 주요 내용은 건설 프로젝트를 수행하면서 건강과 안전을 확보하기 위한 준수사항 또는 의무이행사항이 포함되어 있다.

③ 호주: SDA(Safety Design Australia)

건축물의 생애주기 전체 안전설계를 고려한 제도이다. 규정이나 제재보다는 관련자 간의 원활한 소통을 위한 관리 프로세스를 설정하여 운영한다.

④ 싱가포르: DFS(Design for Safety)

싱가포르에서는 SCAL(The Singapore Contractor Association Limited)를 통해 DFS코디네이터라는 국가공인자격증을 만들어 자격증 소지자가 설계안전성검토 전반의 일을 수행한다. DFS코디네이터는 싱가포르에서 안전관련 업무를 10년 이상 한 경력자가 시험 자격을 가질 수 있다.

DFS의 목표

DFS의 목표는 크게 4가지로 정의할 수 있다.

1) DFS 수행을 통해서 안전사고로 인한 부상, 질병, 사망 등의 인적 피해와 파손 등의 물적 피해를 예방하거나 줄인다.

2) 위험성 평가(Risk Assessment)를 통하여 위험요소를 사전에 파악하고 분석하여 제거 또는 대체하여 위험처리 기회비용을 줄인다.

3) 대안 제시를 통해 사고의 위험성을 최대한 낮추고 일반적으로 받아들일 수 있는 수준

(As reasonably as practical)까지 낮춘다.

4) 시공상의 예상되는 위험요소 제거뿐만 아니라 완공 후에도 사용자에게 안전한 거주 환경을 제공함으로써 설계의 완성도를 높인다.

DFS의 실행 단계

건축/건설 프로젝트의 안전관리 및 설계는 진행에 따라 크게 3단계로 나뉜다.

1) 건축설계단계(건축개념, MEP설계 포함): 가장 효율적으로 위험요소를 제거할 수 있는 단계이다. 설계단계에서는 시공 중 또는 완공 후에 발생할 수 있는 위험요소를 사전에 파악하기 쉽다. 또한 설계단계에서는 위험요소의 제거, 대체, 저감 또는 통제하기 위한 기회비용이 가장 적다.

2) 시공단계: 시공 안전관리 문서를 통하여 안전관리를 시행하지만, 사고가 발생하기 전에는 시공단계에서 위험요소를 사전에 파악하기는 어렵다. 또한 사고가 발생하게 되면 위험요소 제거를 위해 재설계 또는 설계변경으로 시공일정 관리가 힘들어진다.

3) (완공 후 유지보수 단계 또는) 운영단계: 대부분의 사고가 유지보수 작업 도중에 발생하거나 사용자의 잘못된 사용(Public Miss-use)으로 인해 발생한다. 건축설계단계에서 위험요소에 대한 분석이 선행되지 못한다면 사고발생을 사전에 방지하기 힘들다.

4) 따라서 DFS는 효율성을 극대화하기 위해서, 건축설계단계에서 안전관리 및 설계업무를 시행하는 것을 원칙으로 한다.

시간과 효율성의 그래프

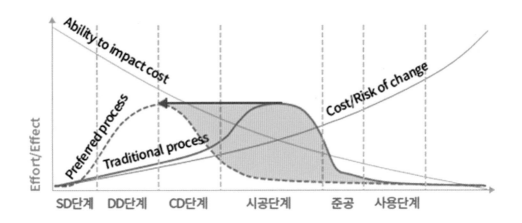

* 설계단계에서 안전을 고려하는 것이 비용대비 효과가 크다.

02

DFS 절차

DFS의 진행 절차

1) PDCA(Plan, Do, Check, Action) 사이클

DFS 진행 절차를 이해하기 위해서는 먼저 PDCA 사이클에 대해 알아야 할 필요가 있다. PDCA는 미국의 통계학자 W. Edwards Deming이 체계화한 이론으로 '데밍 사이클'이라고도 불린다. PDCA는 각 단계의 첫 번째 글자만 따온 말로 계획을 세우고(Plan), 행동하고(Do), 평가하고(Check), 개선한다(Act)는 일련의 업무 사이클이다. PDCA의 4가지 단계는 다음과 같다.

① Plan(계획): 개선을 위한 사전 계획 단계로서 결과를 분석하고 예측한다.
② Do(실행): 계획 실행 단계이며 객관적(약속된) 프로세스를 가지고 실행한다.

③ Check(평가): 실행한 것을 바탕으로 결과를 분석하고 개선된 점을 확인한다.

④ Act(개선): 이전 단계에서 평가된 것을 바탕으로 전체 사이클의 적합성을 평가하고 보완한다. 만약 개선된 부분이 미비하면, 새로운 계획을 수립하여 다시 사이클을 돌린다. 개선된 부분이 만족스럽다면, 사이클의 활동 범위를 넓혀서 좀 더 많은 개선이 일어나도록 한다.

품질관리를 위해 탄생한 기법인 PDCA는 '계획을 세우고, 실행하고, 평가하고 개선한다.'라는 단순하고 당연한 개념으로 이뤄진 기법이다. 하지만 이 사이클을 능숙하고 능동적으로 순환시키는 것은 그렇게 단순하고 당연한 일은 아니다. 왜냐하면, 조직 상하간의 소통과 현실에 대한 이해가 떨어지면(실제로 대부분의 기업 조직이 그렇다.) Plan(계획)단계의 완성도를 높이는 것은 생각보다 간단하지 않기 때문이다.

조직 상하간의 원활한 소통 없는 상부의 Plan(계획)은 현실을 적극적으로 반영하지 못하며, 하부 조직은 이 비현실적인 Plan(계획)을 형식적으로 Do(실행)를 수행하고 수동적인 Check(평가)를 하게 된다. 결국 어떠한 개선(Action) 없이 Do(실행)와 Check(평가)의 다람쥐 쳇바퀴만 돌다 끝나는 경우가 대부분이다.

바람직한 PDCA를 순환시키기 위해서는 먼저 조직구조와 조직문화가 기존 틀에서 벗어나 적극적으로 소통하고 유기적으로 돌아가는 적극적인 자세를 가져야 한다. 이를 바탕으로 중장기적 미래를 계획하는 Plan(계획) 능력을 향상시키는 것이 필요하다. 단순히 업무를 계획하는 소극적인 Plan(계획)이 아닌, 향후 조직의 중장기 전략을 달성할 수 있으면서도 실제 현장에서 세세히 반영될 수 있는 현실성을 갖춘 Plan(계획)을 책정하기 위해 노력해야 한다.

DFS의 진행은 PDCA 사이클 기법을 기반으로 진행된다. DFS의 목표가 위험요소를 사전에 제거 또는 대체하여 보다 안전한 건설환경과 거주환경을 제공하는 것임을 감안한다면 쉽게 이해될 것이다. DFS를 통한 안전한 환경 실현이 궁극적인 개선(Action)이라고 볼 때, 위험요소를 찾고, 평가하고 제거 및 대체하는 일련의 과정은 Plan(계획), Do(실행), Check(평가)에 해당된다.

2) DFS 프로세스[*]

DFS 프로세스는 위험요소를 도출하고 평가하고 제거 및 대체의 순서를 기본으로 여러 가지 폼이 고안되었지만 동일하다고 봐도 무방하다. 여기서는 'ANSI/ASSE Z 590.3 - 2011(R2016)'의 The Risk Assessment Process 다이어그램을 가지고 설명하겠다.

위험성 평가 프로세스

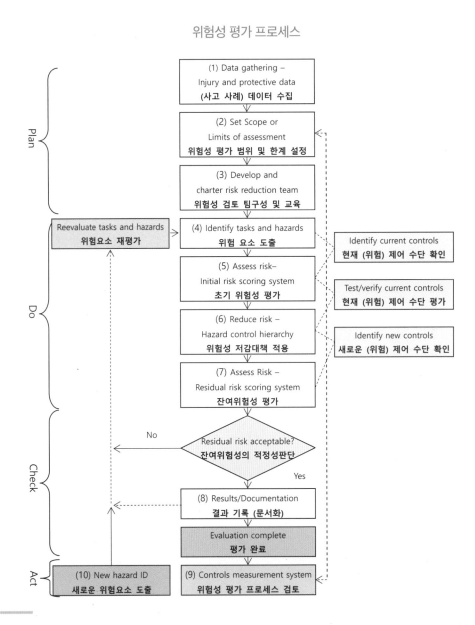

[*] 출처: ANSI/ASSE Z590.3-2011 (R2016) - Addendum A-The Risk Assessment Process(Informative)

① Plan(계획): 효율적인 DFS 수행을 위한 단계

(1) (사고사례) 데이터 수집(Data gathering): 복잡한 프로젝트를 처음 진행하기 위해서 사례 연구(Case Study)만큼 효과적인 시작점도 없다. 사례 연구는 단시간에 경험적·분석적 사고능력과 문제해결 능력을 발전시켜 주는 장점을 가지고 있기 때문이다. DFS에서도 처음 시작은 사례 연구부터 시작한다.

기존 사고사례와 이전 DFS 보고서의 데이터를 분석하여 해당 프로젝트에 부합하는 사례를 참고자료로 사용한다. 또한 기존 데이터를 정리한 '설계 Check-list' 또는 '설계 Criteria(설계내부 규정)' 등을 사전에 만들어 사용하여도 된다.

(2) 위험성 평가 범위와 한계 설정(Set scope or limits of the assessment): DFS에서 사례 연구를 통한 데이터 수집·분석만큼이나 담당자의 안전에 대한 경험과 판단력이 중요하다.

안전성·위험성 평가 자체가 객관적인 지표 즉, 수치화(數値化) 등이 어렵기 때문이다. 때문에 최대한의 객관성을 유지하기 위해서 DFS를 수행하기 전에 위험성 평가 범위와 한계 설정을 사전에 시행해야 한다. 우리나라의 경우 '건설공사 안전관리 업무매뉴얼'에 발주자와 설계자의 협의를 통해 사전에 설정해야 한다고 명시되어 있다. 자세한 평가 범위 및 한계 설정에 대해서는 다음 장에 설명하기로 한다.

(3) 위험성 검토팀 구성 및 교육(Develop and charter risk reduction team): 데이터 수집과 범위 설정 후(실제로는 거의 동시)에는 설계 관계자 교육을 실시한다. 건축 설계자와 공종별 설계자 및 발주자까지 포함한 교육으로 DFS 진행에 기본 개념과 지식을 가지고 시작하도록 만든다.

영국, 미국, 호주 등 선진국들과 달리 우리나라의 경우, 발주자와 설계자가 시공에 대한 지식이 미흡할 때가 있다. 따라서 '건설공사 안전관리 업무매뉴얼'에서는 시공 경험이 충분한 외부 조언자를 팀에 포함시키는 것을 제안하기도 한다.

② Do(실행): 선행 작업된 Plan(계획)을 기준으로 위험성 평가를 실행하는 단계

(4) 위험요소 도출(Identify tasks and hazards): Plan(계획)단계에서 정리된 데이터를

기준으로 위험요소를 도출하는 단계이다. 일반적으로 건축 도면을 보고 시공 중 또는 완공 후에 발생할 수 있는 위험 상황을 예측하여 위험요소를 찾아내는 것인데 2차원 도면으로 3차원 상황을 예측하는 것이 쉽지만은 않다.

특히 DFS에 대한 이해도 또는 경험이 부족한 경우 더욱 그렇다. 그렇기 때문에 Plan(계획)단계의 데이터가 유용하고 중요한 참고자료가 된다. 또한 '설계 Checklist' 또는 '설계 Criteria'를 만들어 도면과 교차 검토하는 것도 쉽게 위험요소를 도출할 수 있다. 다시 말해 PDCA 사이클에서 Plan(계획)이 중요한 만큼 DFS에서도 Plan(계획)단계를 잘 준비하면 일을 쉽게 처리할 수 있다.

(5) 초기 위험성 평가(Assess Risk-Initial risk scoring system): 도출된 위험요소를 평가하는 단계이다. '위험성 평가(Risk Assessment)'로 알려진 단계인데 심각성(Severity)과 발생빈도(Probability) 두 가지 요소를 가지고 위험성의 높음과 낮음을 평가하는 것이다.

자세한 '위험성 평가' 방법은 다음 장에서 정리하기로 한다. 참고로 '건설공사 안전관리 업무매뉴얼'에서는 위험성 평가 결과가 높음(High)인 경우, 반드시 대안을 적용하여서 위험요소를 제거 또는 대체하여야 한다.

(6) 위험성 저감대책 적용(Reduce Risk-Hazard control hierarchy): 초기 위험성 평가가 높게 나와 저감이 필요한 아이템의 대안을 수립하는 단계이다. 대안 수립은 HOC(Hierarch of Control)의 원칙을 따른다.

HOC원칙이란, 제거(Elimination), 대체(Substitution), 기술적 제어(Engineering Control), 관리적 통제(Administrative Control), 개인보호장비(Personal Protective Equipment)순으로 위험성 저감대안을 수립하는 것을 말하며, 다음 장에서 다시 한번 자세히 알아보기로 한다.

(7) 잔여위험성 평가(Assess Risk-Residual risk scoring system): 수립한 위험성 저감대안이 위험성 자체를 '제거'하는 것이 아니라면, 잔여위험성이 존재한다. 따라서 대안적용 후, 변화된 위험성을 평가해야 한다.

또한 대안이 초기 위험성을 '제거'하는 대안이라고 할지라도 대안 적용에 따른 변화가 새로운 위험(New-Risk)을 야기하는 건 아닌지 평가해야만 한다.

③ Check: 위험성 저감을 위해 평가하고 대안을 적용한 아이템을 확인하는 단계

　잔여위험성의 적정성 판단(Residual risk acceptable?): 잔여위험성 평가를 실행한 후, 잔여위험성을 수용할 수 있는지 없는지 확인하는 단계이다. 위험성의 수용범위는 Plan 단계에서 설정한 범위에 따르고 설정 범위를 넘어선 아이템은 다시 '(4) 위험 요소 도출(Identify tasks and hazards)' 단계로 돌아가 재평가를 해야 한다.

(8)　결과 기록(문서화)(Result/Documentation): 저감대책이 위험성을 수용할 수 있는 범위만큼 낮추는 데 성공하면 이를 기록하게 된다. 우리나라의 경우 DFS 보고서(설계안전성검토 보고서)를 작성하는 단계이기도 하다. '건설공사 안전관리 업무매뉴얼'에 따르면 실시설계 단계 80% 정도 진행되었을 때 작성하는 것으로 명시되어 있다.

　평가 완료(Evaluation Complete): DFS(설계안전성검토) 최종 보고서를 완성으로 기본적인 절차는 끝이 난다. 완성된 보고서는 기술심의 기간과 맞물려 발주자의 기술자문위원회 또는 한국안전시설공단(KISTEC)에서 평가를 한다. 평가가 완료되면 공식적인 DFS는 종결된다.

④ Act: 향후 DFS의 역량을 강화시키기 위한 개선 단계

(9)　위험성 평가 프로세스 검토(Controls measurement system): 개선을 위해서 처음부터 프로세스를 재검토하는 단계라고 보면 될 것이다. '평가완료' 단계를 지나면 공식적으로 대외 업무는 종결되지만, 내부적으로 역량 강화와 DFS 업무의 완성도를 높이기 위해서 필요한 단계이다.

　위험성 저감대책은 적절했는가? 다른 대안을 없었는가? 위험성수용 범위는 적절했는가? 저감대안으로 인한 새로운 위험요소(New hazard)는 없었는가? 등을 검토(Review)를 통하여 확인하고 개선하는 단계이다.

(10) 새로운 위험요소 도출(New hazard ID): '(9) 위험성 평가 프로세스 검토'를 통해서 도출된 새로운 위험요소는 기록하고 재평가한다. 또한 전체적인 DFS 작업을 통해서

찾아낸 미흡한 점, 예를 들어 설계 실수, 대안 부실, 위험요소 원인 간과 등을 기록하여 '설계 Check-list', '설계 Criteria'를 업데이트하여 동일한 실수 반복을 방지한다.

앞서 언급한 것과 같이 PDCA의 사이클을 기반으로 하여 DFS는 진행되며 Plan 단계에서 사전설정과 계획이 밀도 높게 된다면 전체적인 DFS 수행이 별 어려움 없이 진행된다. 건축 프로젝트에서 설계사가 DFS를 담당해야 하는 이유도 바로 이것이다. 사전 설정과 계획의 치밀함을 가장 효과적으로 지정할 수 있는 단계가 바로 설계단계이기 때문이다.

또한 Action(개선)단계는 다이어그램에서는 작은 부분으로 표현되었지만, 향후 안전성검토 작업 및 설계의 완성도를 높이는 데 중요한 단계이므로 가볍게 넘어가서는 안 된다. 그리고 개선단계에서 나온 내용은 다음 프로젝트의 Plan 단계의 기본 데이터가 되기도 한다.

대한민국 설계안전성검토(DFS) 프로세스 *

기본적인 진행방법은 ANSI/ASSE Z 590.3 - 2011 (R2016)의 프로세스와 크게 차이가 없다. 단지 설계자와 발주자와의 커뮤니케이션을 좀 더 강조한 프로세스이다.

우리나라 실정상 아직은 발주자와 설계자가 시공에 대한 경험과 지식이 미흡하다는 것을 고려하여 사전 Plan 단계에 무게 중심을 주었기 때문이라고 판단된다. DFS가 완전히 정착되기 전까지는 발주자와 설계자의 커뮤니케이션을 통하여 평가를 하는 것이 타당하다고 판단된다.

또한 고용노동부를 중심으로 현재 발주자의 정확한 안전업무 수행과 책임의식을 강화하기 위해서 영국 CDM2007과 비슷한 안전관리 코디네이터를 만들어 법제화가 진행 중이다.

* 출처: 건설공사 안전관리 업무수행 지침 - 건설공사 안전관리 업무매뉴얼(국토교통부 고시 제2016-718호)

설계안전성검토 단계별·참여자별 업무 내용 및 절차

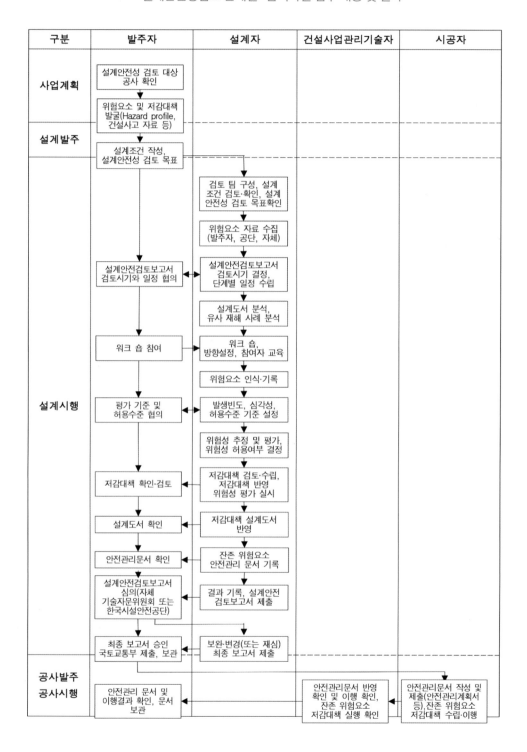

구분	발주자	설계자	건설사업관리기술자	시공자
사업계획	설계안전성 검토 대상 공사 확인 위험요소 및 저감대책 발굴(Hazard profile, 건설사고 자료 등)			
설계발주	설계조건 작성, 설계안전성 검토 목표			
설계시행	설계안전검토보고서 검토시기와 일정 협의 워크 숍 참여 평가 기준 및 허용수준 협의 저감대책 확인·검토 설계도서 확인 안전관리문서 확인 설계안전검토보고서 심의(자체 기술자문위원회 또는 한국시설안전공단) 최종 보고서 승인 국토교통부 제출, 보관	검토 팀 구성, 설계 조건 검토·확인, 설계 안전성 검토 목표확인 위험요소 자료 수집 (발주자, 공단, 자체) 설계안전검토보고서 검토시기 결정, 단계별 일정 수립 설계도서 분석, 유사 재해 사례 분석 워크 숍, 방향설정, 참여자 교육 위험요소 인식·기록 발생빈도, 심각성, 허용수준 기준 설정 위험성 추정 및 평가, 위험성 허용여부 결정 저감대책 검토·수립, 저감대책 반영 위험성 평가 실시 저감대책 설계도서 반영 잔존 위험요소 안전관리 문서 기록 결과 기록, 설계안전 검토보고서 제출 보완·변경(또는 재심) 최종 보고서 제출		
공사발주 공사시행	안전관리 문서 및 이행결과 확인, 문서 보관		안전관리문서 반영 확인 및 이행 확인, 잔존 위험요소 저감대책 실행 확인	안전관리문서 작성 및 제출(안전관리계획서 등), 잔존 위험요소 저감대책 수립·이행

DFS 프로세스 제안

실무에서 DFS를 시행하기 위한 프로세스를 제안한다. 기본적인 프로세스 방향은 '설계안 전성검토 업무매뉴얼'과 동일하며 설계단계별, 즉 시간의 흐름에 맞추어 진행 절차를 세분화하였다. 하지만 실시설계 80%에서 모든 '위험성 평가' 및 '대안작성'을 실행하는 것이 아니다. 건축 인허가 이후에는 설계도면에 큰 변화를 주는 것이 설계팀에게 부담이 되므로 '위험성 평가'와 '대안작성 및 적용'을 건축 인허가 이전에 1차 수행하는 것으로 하였다.

설계 변화가 필요한 중요한 변경사항은 건축 인허가 이전에 도출해서 제거 또는 대체하고 인허가 이후에는 좀 더 시스템적인 측면에서 2차 위험성 평가를 진행한다.

그리고 공공발주 프로젝트 경우, 매뉴얼과 같이 발주청과 일정을 조율하여 실시설계 80% 정도에 보고서를 제출한다. 민간프로젝트의 경우는 DFS가 강제성이 없기 때문에 발주자의 요청이 있을 시 시행한다.

공공발주 프로젝트*

Schematic Design (계획설계)	Design Development (기본설계)			Construction Document (실시설계)				Construction (시공기간)

Schematic Design (계획설계)

Design for Safety SD Review

- 안전도 기준 및 목표 설정
- 검토팀 구성 및 발주처 협의
- 워크숍

Design Development (기본설계)

기본설계도서작성

1차위험성평가

Design for Safety DD Review
- DD DFS 분석
- DFS 대안 작성
- 설계 적용
- 발주자 협의
- 협력사 협의

건축인허가

Construction Document (실시설계)

실시설계도서작성

2차위험성평가

DFS Report
- CD 80% DFS Report 작성 (KOSHA제출)

발주처 기술 자문회 또는 시설 안전 공단 검토

보완 (개선)

Construction (시공기간)

시공/감리 DFS
- 발주처 보고
- 보고서 검토
- 시공 안전 보고서 반영

민간발주 프로젝트

Schematic Design (계획설계)

Design for Safety SD Review

- 안전도 기준 및 목표 설정
- 검토팀 구성 및 발주처 협의
- 워크숍

Design Development (기본설계)

기본설계도서작성

1차위험성평가

Design for Safety DD Review
- DD DFS 분석
- DFS 대안 작성
- 설계 적용
- 발주자 협의
- 협력사 협의

건축인허가

Construction Document (실시설계)

실시설계도서작성

2차위험성평가

DFS Report
- CD 80% DFS Report 작성 (KOSHA제출)

설계 반영

Construction (시공기간)

시공/감리 DFS
- 발주처 보고
- 보고서 검토
- 시공 안전 보고서 반영

---

* 출처: 건설공사 안전관리 업무수행 지침 - 건설공사 안전관리 업무매뉴얼(국토교통부 고시 제2016-718호)

PART

II

DFS
가이드라인

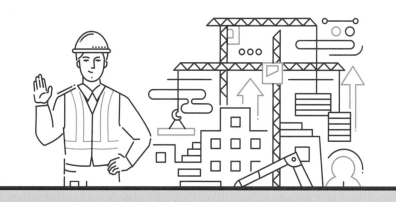

안전관련 업무는
반드시, 'Top-down' 방식이다.

운영진 또는 발주청/발주자가
강제성을 가지고
업무분장과 책임한계 설정을 하고
이를 실무자까지
실행하도록 하여야 한다.

01

DFS 사전작업

안전설계 도구(Safety Design Tool)

일반적으로 Tool이라고 하면 망치, 드라이버 등 작업 공구로 인식하고 번역되는 경우가 많다. 하지만 다른 의미로 수단, 방법 또는 작업 편의성과 효율성을 높여 주는 도구로 바라볼수도 있다. 예를 들어, Design Tool로 알려진 CAD, Sketch-up 등의 프로그램 또는 단순 스케치를 할 수 있는 연필처럼 설계(Design)업무의 효율을 높여 주는 도구로 해석될 수도 있다는 것이다.

여기서 말한 Safety Design Tool은 CAD처럼 기성 판매 제품의 프로그램이 아니라 DFS 경험이 축적된 결과물과 데이터를 도구화시킨 것으로 보면 된다.

1) Design Criteria(설계 기준)

① 필요성: 설계 초반 컨셉 또는 디자인美에 치중하여 놓치는 부분을 짚어 주는 역할을 한다. 또한 특수목적 시설의 경우 반드시 확인해야 할 안전사항을 알려 주는 역할도 한다. 하지만 설계 컨셉 또는 디자인美 등 건축 본연의 목적을 제한하지 않으면서 접근하는 것이 좋다. 안전설계는 설계 능력을 제한하는 것이 아닌 완성도를 높여 가는 작업이기 때문이다.

② 작성/적용법: 안전에 관련해서 'General Duty Clause'라는 게 있다. 안전에 대한 모든 법률, 규칙 및 표준 등에서 특별히 명시하지 않아도 지켜야 하는 기본의무라는 뜻이다. 즉, '사용자, 작업자 및 고용자 등의 안전은 언제나 우선해서 지켜야 한다.'이다.

이를 기준으로 'Design Criteria'는 가장 일반적이고 기본적인 사항으로 작성하고 설계 시 확인하는 것이다. 왜냐면 복잡하고 어렵고 신경이 많이 쓰이는 부분에서 사고가 오히려 적게 발생하며 쉽고 간단한 곳에서 많이 발생하기 때문이다. 익숙함은 안전사고의 가장 큰 원인 중 하나이다.

2) Case Study(사례 조사)

① 필요성: Case Study는 기존 DFS프로젝트 아이템 분석내용과 새로운 안전설계 기법 또는 기기소개 등도 포함되어 있다. Case Study를 작성하고 확장시켜야 하는 이유는 기존의 사례를 분석하고 참고하여 새 프로젝트에 적용하여 설계의 안전성과 완성도를 높이는 것이다. 또한 경험과 검증된 객관적인 내용을 쉽고 빠르게 사용할 수 있다.

② 작성/적용법: 기본적인 개념은 축적된 Case를 사용하여 담당자 개인의 미흡한 경험을 상쇄시킨다는 것이다. 그리고 검증된 객관적 지식으로 주관적으로 치우칠 우려가 있는 작업에 대한 중립도를 높여 주기도 한다.

우선은 기존에 정리한 DFS 아이템들을 분석하여 교훈과 개선점을 찾아 자료를 확장시킨다. 기존 자료가 미흡한 경우는 KOSHA 사고사례 분석을 건축적으로 재해석하여 자료를 저장한다. Case의 양이 많아지고 다양하면 다양할수록 좋은 것이 Case Study이다.

Case Study 예시

I. 개요

1. **PJT문제점:** 전기실 상부의 외부 조경으로 인한 누수 발생으로 인한 전기실의 합선 및 기기 고장 등의 문제점 발생
2. **접근:** 전기실 상부의 방수 및 방근 대책을 이용하여 누수를 막거나 필요할 경우 전기실의 위치를 이동시켜 위험요소를 감소시킴

II. 위험성 평가

발생빈도 심각성	5	4	3	2	1
5					
4					
3					
2					
1					

1. **발생빈도:** 상부화단에서 누수가 발생할 가능성 있음
2. **심각성:** 누수가 발생할 경우 전기 합선 및 정전, 기기고장 등의 큰 사고를 야기할 수 있음
3. **위험성:** 따라서 4x5로 상부에 화단이 있는 경우 누수는 거의 필연적임, 그러므로 방수시스템을 더욱더 견고히 하여 잔여 위험등급을 낮추는 것이 중요함
4. **저감단계:** 방수 및 방근설계 그리고 스테인레스 이중방수 등으로 전체설계의 큰 변화 없이 위험저감

III. 위험성 대안

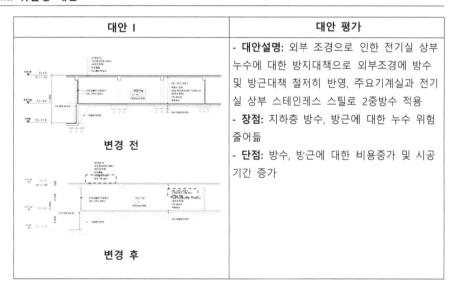

대안 I	대안 평가
변경 전 **변경 후**	- **대안설명:** 외부 조경으로 인한 전기실 상부 누수에 대한 방지대책으로 외부조경에 방수 및 방근대책 철저히 반영, 주요기계실과 전기실 상부 스테인레스 스틸로 2중방수 적용 - **장점:** 지하층 방수, 방근에 대한 누수 위험 줄어듦 - **단점:** 방수, 방근에 대한 비용증가 및 시공기간 증가

IV. 결론

1. **잔여위험:** 잔여 위험요소 없음
2. **결론:** 상부화단의 뿌리를 감안하지 않은 방수시스템으로 지하층누수의 위험이 있음, 전기실 위치를 변경하는 것이 위험요소를 완전히 제거하는 것임. 다만 그러기 위해선 설계검토 및 재설계, 시공에 따르는 비용의 증가를 감수할 수 있어야 함

3) Design Check-list(체크리스트)

① 필요성: Check-list는 Case Study를 분석을 통해 반복적으로 사고가 발생하는 아이템 또는 큰 피해(사망사고 등) 아이템을 모아 놓은 목록이다. 설계도면과 Check-list를 교차검토하여 DFS 아이템을 도출하는 데 큰 도움이 된다.

② 작성/적용법: Check-list는 길고 복잡할 필요 없다. 간단하지만 명확하게 발생 위험 원인과 결과 그리고 발생 위치만으로 충분하다. 설계도면과 교차검토하며 DFS 아이템을 스캔한다는 느낌으로 훑어 찾으면 된다.

그리고 반복적인 위험이 발생하는 위치 및 부위는 좀 더 면밀하게 검토하면 된다.

Check-list 예시(분류체계 기준)

좌측 대분류: Uniformat / 상단 대분류: Masterforma

중분류	소분류	일반공사	토공사 및 대지공사	강구조물	콘크리트공사	조적공사	금속공사	단열방수공사	창호공사	마감공사	잡공사	장비 및 시설물	가구 및 비품설치공사	특수공사	운송설비공사	기계설비공사	전기설비공사
기초	표준기초		○		○	○											
구조물	강구조물																
하부구조	슬래브				○			○									
하부구조	지하굴착		○														
하부구조	지하벽				○	○			○								
상부구조	바닥시공				○		○	○									
상부구조	지붕시공				○		○	○									
상부구조	계단시공				○		○	○									
외부	벽				○	○	○	○	○	○	○						
외부	외부창호								○								
내부	분할			○			○			○	○						
내부	내부마감				○			○		○							
내부	잡공사						○	○			○						
운송설비	운송설비시공														○		
기계설비	배관															○	
기계설비	HVAC															○	
기계설비	소방설비															○	
전기공사	서비스&분배기																○
전기공사	전력																○
장비	고정&가동장비											○	○				
	일반사항	○															
	특별시공													○			

4) Design Criteria & Check-list(설계 기준 & 체크리스트)

건축에서 Criteria와 Check-list는 일반적으로 분리된 형식으로 가는 경우는 거의 없다. 공장시설의 경우 설비, 기기운전에 따른 안전 Check-list가 따로 필요하지만 건축은 Criteria를 만들고 시설운영 또는 시공공법에 따른 Check-list를 확인하는 것이 아니다.

설계단계에서 Criteria에 벗어나지 않는가 또는 잘 따랐는가 확인하는 것이 설계 Check-list이다. 따라서 위에서는 별도로 설명했지만 Criteria & Check-list의 형식은 하나의 표에서 동시에 표현하는 경우가 많고 그것이 더 효율적이다.

Design Criteria & Check-list 예시

	Item		Toolbox check list	YES	NO	N/A	Required Action
1	강구조물 공사	Roof	지붕 가장자리에 외부 구조물 및 장비 설치 금지				
	강구조물 공사		지붕의 장비 및 유지 보수를 위한 안전한 접근로 계획				
2	강구조물 공사	Ceiling	복잡한 천장 시스템은 지양				
	잡공사		높고 장스팬의 천장은 시스템 유지 보수를 위한 캣워크 및 플래폼을 설치				
3	강구조물 공사	Skylight	고천장은 지붕 모서리가 아닌 곳에 설치				
	강구조물 공사		고천장은 지붕에서 10~12 inch 올려 설치				
	장비 및 시설물 공사		고천장 근처는 가드 레일 설치				
	창호공사		평평한 형태보다 돔 형태의 고천장 설치, 강화 유리를 사용하거나 강화 와이어 추가 설치				
	기계설비공사		옥상의 기계/HAVC 장비는 고천장에서 이격 하여 설치				
4	창호공사	Window	공사 중 창문 위치에는 임시 가드레일 설치				
5	창호공사	Door	문 열림 방향을 통행 방향에 영향을 최소화 하도록 설계				
	창호공사		문 열림 방향을 피난 방향으로 설계				
	창호공사		문 걸림 발 걸림 요소 제거				
	창호공사		방화문 설치는 시공 초기단계에 설치를 권장				
6	소방시설공사	Confined Space	밀폐된 공간의 수를 최소화 시키고, 밀폐 공간의 접근로는 가능한 크게 설계 하며 최소한 두개 이상의 접근로를 설치				
	장비 및 시설물 공사		피트나 탱크에 해치 및 사다리로의 접근을 지양				
	장비 및 시설물 공사		4 feet이상 깊이의 피트는 계단을 설치하고 좁은 공간의 피트 또는 밀폐된 공간 설계를 피하여 탈출용 출입구를 계획				
	장비 및 시설물 공사		출입이 제한된 공간에는 출입 제한 시스템이 설계되어야 하며 탱크등 내부 접속이 필요한 구역은 외부에서도 확인 할 수 있도록 계획				
7	소방시설공사	Egress Exit	대규모 유지 보수 공간 또는 작업 공간에 2곳대 이상의 비상 대피로 설치				
	소방시설공사		비상시 효율적인 탈출을 위한 여러 종류의 비상대피로 마련				
8	마감공사	Exterior Staircase	빙판을 날씨로 인한 미끄럼 사고 방지를 위해서 외부 계단, 경사로 및 통로를 막는 지붕 라인 확장				
	장비 및 시설물 공사		외부 계단이 구조부하 과밀하게 연결되도록 설계				
	장비 및 시설물 공사		회전 계단은 시계방향으로 올라가도록 설계				
9	특수공사	Exterior Component	지붕을 연장하거나 덮어 외부 통로 및 플랫폼이 날씨의 영향(눈, 빙판, 고드름 등)을 적게 받도록 설계				
10	일반공사	Ramp	최대 경사도 7 °로 하여 안전한 경사면 확보				
11	장비 및 시설물 공사	Access Cover	엑세스 도어가 열림때 자동으로 가드레일이 쳐지는 시스템 설계				
	장비 및 시설물 공사	Ladder	사다리 케이지 설치				
	장비 및 시설물 공사		사다리 상단 하단 핸딩 지점에 최소 2 피트 - 6 인치 X 2 피트 공간 확보 하여 걸림 방지				
12	조명공사	Light Fixture	조명기구가 높은 곳에 위치한 설계는 유지 보수 및 조명 기구 교체를 위해 낮은 곳으로 변경을 고려				
	조명공사		조명은 인체 공학적으로 안전하게 작동하도록 설계				
13	장비 및 시설물 공사	Tank & Vessel	라이프 라인 및 안전장치를 탱크 등 출입구에 설치				
	장비 및 시설물 공사		탱크 주변에 가드레일 설치				
	장비 및 시설물 공사		탱크 지붕 중앙에 앵커 포인트 설치				
	장비 및 시설물 공사		유지 보수를 위한 탱크 상부 앵커 포인트 설치				
	장비 및 시설물 공사		탱크에 두개 이상의 출입구 설치 고려				
	장비 및 시설물 공사		인화성 물질 탱크 경우 접근 허가 시스템 마련				
14	장비 및 시설물 공사	Floor Opening	바닥 개구부에 가드레일 설치				
	장비 및 시설물 공사		여러 개의 작은 개구부 보다 한 개의 큰 바닥 개구부 설치 (유지관리에 용이)				
	장비 및 시설물 공사		추락 방지를 위해서 바닥 개구부 위치를 통로, 작업공간 및 구조부에서 이격				
	장비 및 시설물 공사		창문, 외부모서리, 바다개구부 주위에 충고변화, 계단, 곡선공간, 환풍을 걸림 위험 요소 제거				
	기계설비공사		낙하 방지를 위해서 지붕위 기계/HVAC 장비는 옥상 개구부에서 이격				
	장비 및 시설물 공사		1.2m 이상의 난간 설치 바닥의 마감면으로부터 120센티미터 이상. 다만, 건축물내부계단에 설치하는 난간, 계단중간에 설치하는 난간 기타 이와 유사한 것으로 위험이 적은 장소에 설치하는 난간의 경우에는 90센티미터이상으로 할 수 있다.				
	장비 및 시설물 공사		지붕의 경사도를 낮춰 작업자들의 추락 방지				
	장비 및 시설물 공사		지붕 접근로 및 지붕 작업 공간에 가드레일 설치				
	장비 및 시설물 공사		유지 보수 작업시 사고 방지를 위한 추락 방지 장치 설치				

Role and Responsibility(책임 및 업무분장)

모든 일에는 언제나 업무효율성이 가장 중요한 과제이다. 효율성은 현대 산업사회의 가장 큰 미덕이라고 평가받기 때문이다. Role and Responsibility는 바로 효율성의 문제에서 시작되었다.

작업의 효율성을 높이기 위해 업무분장과 책임을 나누고 담당자는 이에 맞추어 작업을 진행한다. 하지만 보통 장기적이고 고착화가 심한 분야의 업무에서 Role and Responsibility는 오히려 자신의 업무와 책임 부분만 하고 타인의 업무, 책임을 미루려는 개인주의적 집단이기심이 발생하기도 한다. 그래서 유연성을 가진 Role and Responsibility를 실현하도록 노력하는 조직이 늘어나고 있기도 하다.

하지만 안전에 관련해서는 유연성을 가진 Role and Responsibility보다는 다소 강제성을 가진 것을 더욱 선호한다. 안전에서의 실수는 자칫 개인의 생명을 위협하는 것은 물론이고, 사고발생의 책임소재가 불분명하면 하급관리자의 책임한도가 커지기 때문이다. 더욱이 불분명한 책임소재는 제2, 제3의 동일하고 유사한 사고의 원인이 된다.

그렇기 때문에 DFS뿐만 아니라 모든 안전관련 업무는 반드시 Top-down 방식으로 이뤄져야 한다. 즉, Top management(운영진) 또는 Client(발주청/발주자)가 강제성을 가지고 업무분장과 책임한계 설정을 하고 이를 실무자까지 실행하도록 하는 것을 말한다.

최근 공공발주 프로젝트에서 발주청의 책임을 확대하려는 움직임을 보이는 이유도 발주청의 책임과 의무를 강화하고 프로젝트 전반의 안전업무를 강화하기 위해서이다.

안전이라 하면 보통 자신의 업무를 방해 또는 제한하는 것이라는 선입관이 있다. 따라서 하급관리자 또는 동료(주변)에 의해서 안전업무가 진행된다면 귀찮게 여기며 안전의 대한 의식수준이 떨어진다. 하지만 상급관리자가 결정하고 지시한다면 강제성을 느끼며 책임의식을 가지고 업무상 안전에 집중하게 된다. 그리고 이를 시작으로 사업체 전반에 안전에 대한 책임의식이 활성화되면, 비로소 업무 중에 의식하는 것이 아닌 안전이 사업체의 문화가 된 업무환경을 이룰 수 있다.

1) Top management or Client(운영진 또는 발주청/발주자)

운영진 또는 발주청/발주자(Top management or Client)는 다음에 해당하는 DFS 작업진행을 위해서 DFS 담당자(DFS Manager)를 선임한다.

① 위험요소(Hazard)를 제거, 대체 또는 회피를 하기 위해서 사전에 도출하고 평가하도록 한다.

② 도출된 위험요소(Hazard)는 위험성 평가(Risk Assessment)를 통해 평가하도록 한다.

③ 평가된 위험성(Risk)은 HOC(Hierarchy of Control) 방식에 따라 위험성(Risk)을 수용할 수 있는 범위까지 저감시키도록 한다.

④ 수용할 수 있는 위험성 레벨(Risk Level)은 레벨에 따라 각 단계별로 담당자가 결정하도록 한다.

   예를 들어, 위험성 레벨 낮음(Low)는 '일반설계담당자(Designer)'가 결정한다. 위험성 레벨 중간(Medium)은 'DFS 담당자(DFS Manager)'가 결정하며, 위험성 레벨 높음(High)는 '운영진 또는 발주청/발주자(Top management or Client)'가 직접 결정한다.

⑤ DFS는 설계업무에서 부속적 또는 단순지원 업무가 아니라 다른 업무와 동등한 자격을 가져야 한다. 특히 설계검토(Design Review) 때 동등한 의견을 내고 반영할 수 있어야 한다.

⑥ DFS와 관련된 모든 설계검토(Design Review) 결과 및 반영사항은 문서화한다.

⑦ DFS 설계검토(Design Review) 결과는 지속적인 개선(Continual Improvement)과 변경관리(Management of Change)에 사용된다.

⑧ Continual Improvement: 안전설계는 지속적인 개선을 통해서 설계의 완성도를 높이는 것이 주요 목적이다.

   Management of Change: 대안을 통한 위험성 변경 관리는 Data Base 구축의 기본이 되며 역시 개선을 위한 하나의 단계이다.

⑨ DFS의 효율적 진행 성패는 기존 사례분석(Monitoring)을 통한 지속적이고 연속적인 개선(Continual Improvement)에 달려 있다.

⑩ 임직원들의 지식, 경험, 기술 그리고 창의성은 위험성 평가(Risk Assessment) 프로세스에 기본 바탕이 된다.

⑪ 원활한 의사결정과 (안전)설계 완성도를 위해서 관련자들 간의 의사소통은 항상 효율적으로 이루어져야 한다.

⑫ DFS 프로젝트 자체를 떠나서 임직원들이 위험성 감소에 대한 책임과 의식에 노력하는 안전문화 구축이 필요하다.

2) DFS Manager(설계안전성검토 담당자)

원활한 DFS 진행을 위해서 담당자는 아래의 업무들을 수행해야 한다.

① 위험요소(Hazard)를 제거, 대체 또는 회피를 하기 위해서 사전에 도출하고 평가한다.

② 도출된 위험요소(Hazard)는 위험성 평가(Risk Assessment)를 통해 HOC(Hierarchy of Control) 방식으로 위험성을 저감시킨다.

③ 위험성 저감대책은 설계변경부터 간단한 조치 그리고 새로운 기술 또는 기기 적용도 포함된다.

④ DFS는 시공상 위험뿐 아니라 완공 후 사용자 위험 그리고 철거단계까지 건물 생애 주기에 걸친 위험성을 고려해야 한다.

3) 발주청/발주자(Client)

운영진 또는 발주청/발주자는 설계 초기단계에 모든 프로젝트 관련자(설계자 및 협력업체 담당자)에게 수용 가능한 위험성 레벨을 명확히 지정하여 알려 주어야 한다. 경험이 없다면 외부 컨설턴트의 조언을 구해야 한다.

02

위험요소 도출
(Hazard Identification)

Hazard와 Risk 그리고 Danger

먼저 '위험'의 정의에 대해서 알아볼 필요가 있다. 영어로 Hazard와 Risk 그리고 Danger는 '위험'으로 동일하게 번역된다. 이 셋의 정의를 먼저 명확히 구별하는 것이 DFS의 시작이라고 할 수 있다.

① Hazard: '위험요소'이다. 피해를 입을 가능성 즉, Risk를 야기할 수 있는(Potential) 모든 행동, 시설, 여건 등을 뜻한다. 영어로 'The potential for harm'인데 여기서 Potential(가능성)은 나중에 나올 Probability(가능성 또는 발생빈도)와는 뜻을 구별할 필요가 있다.

② Risk: '위험성'이다. 사고의 발생빈도(Probability: 발생 가능성, 위험요소 노출빈도)와 심각성(Severity: 손실 크기, 위험요소 피해 정도)의 조합으로 위험의 크기 또는 위험의 정도를 말한다.

③ Danger: '위험' 그 자체이다. 'Risk'와 가장 큰 차이점은 Danger는 수동적 위험이라는 것이다. Risk는 능동적으로 위험요소 또는 발생빈도를 조절하여 위험성을 변경시킬 수 있지만, Danger는 그 자체로 위험이기 때문에 피해자가 상황을 변화시키기 어려운 것을 뜻한다. 때문에 Risk는 평가(Assessment)를 통해 상황을 호전시킬 수 있지만, Danger는 어떠한 평가와 관계없이 피해야만 하는 상황이다. 깎아지르는 절벽은 추락위험성(Risk)이 아니라 추락위험(Danger)을 가지고 있는 것이다.

위험요소 도출(Hazard Identification)

DFS는 위험요소를 사전에 도출해 그 위험성을 검토하여 저감대책을 적용하는 것이다. 따라서 당연히 위험요소 도출단계가 가장 중요하다고 할 수 있다. 도출도 못하는 위험요소를 평가할 수는 없기 때문이다. 위험요소 도출방법은 여러 가지가 알려져 있다. 물론, 대부분의 방법들은 DFS 이전에 군수업과 일반산업 분야에서 안전의식이 발전하면서 고안된 방법들이다. 그렇기 때문에 방법에 따라서는 설계 DFS에 그대로 적용하기에는 문제가 있는 것들도 있다. 하지만 기본적인 위험요소 도출원리는 동일하기에 참고할 수는 있다.

1) What-If Analysis(가정 분석)

프로젝트 관련자들의 브레인스토밍을 통해 위험요소의 노출, 안전관리 실패 등이 발생하였을 때 어떠한 결과(피해)가 발생하는지 분석하는 방법이다.
예를 들어, '서버실에 냉방기가 작동하지 않으면 어떻게 될까?', '전기실에 누수가 발생하면 어떻게 될까?' 또는 '옥상에 가드레일을 설치하지 않아 걱정이다.' 등 위험요소 노출상황과 일반적인 우려에서부터 시작한다.
즉, 가상의 상황을 만들어 잠재되어 있는 위험요소를 도출하는 방법이다. 이렇게 도출된 위험요소는 적절성 또는 부적절성을 판단하여 추가적인 위험성 감소조치를 적용한다.

2) Check-list Analysis(체크리스트 분석)

Check-list Analysis는 앞서 설명한 Check-list를 이용하여 해당 프로젝트가 기준에 맞게 적용되어 있는가 아닌가를 판단하여 위험요소를 찾아내는 방식이다. '예', '아니오' 방식으로 간단하게 판단하는 방식을 선호한다.

Check-list의 품질과 객관적 정밀성이 분석의 정확성에 중요한 요인이 된다. Check-list가 정밀하지 못하면 일부 위험요소를 식별하거나 도출하지 못하고 간과할 수 있다.

3) What-If/Check-list Analysis(가정/체크리스트 분석)

What-If/Check-list 분석 기법은 What-If 방식의 창의적이고 혁신적인 브레인스토밍 측면과 Check-list 체계적이고 객관적인 접근방식을 결합한 것이다. 두 방식의 약점을 보완하기 위해 고안되었으며 설계 DFS를 진행하는 데 가장 적합한 방식이다. What-If 브레인스토밍을 통하여 위험요소를 도출하고 Check-list는 체계적인 검토를 지원한다.

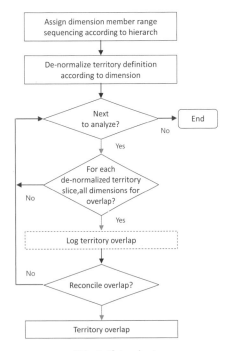

Item	Check Point	Check Mark on the Appropriate Column	
		Y	N
1.	Estimated size in LOC or FP?		
2.	Degree of confidence in size estimated?		
3.	Estimated size of product in the documents		
4.	% deviation in size of project from previous cases		
5.	Size of database created of used		
6.	No. of users of the project		
7.	No. of projected changes to the requirement for the project? Before delivery? Or After?		
8.	Amount of reused sofrware?		

Note. In each case, the information for the project to be developed must be compared to past experience. If a large % deviation occurs or if No. are similar, but past results were considerably less than satisfactory, risk is high.

What-If Analysis   Check-list Analysis

4) Preliminary Hazard Analysis(PHA, 사전 위험요소 분석)

PHA는 공장 생산 시스템 안전을 파악하기 위해 고안된 방식이다. 생산라인 설계 프로세스 초기단계에서 위험을 식별하고 평가하는 데 사용한다. 최근에는 초기목적보다 더 광범위한 분야에 사용되고 있다. 그리고 사전위험 분석의 초기 설계프로세스뿐만 아니라 기존 제품 또는 운영의 위험을 평가하는 데 사용된다.

5) Failure Mode and Effects Analysis(FMEA, 실패모드 영향분석)

여러 산업 분야에서 FMEA(실패모드 영향분석)은 안정성, 안전 및 건강 고려사항에 대하여 설계 엔지니어가 기술적 평가로 분석하는 방식이다.

초기에는 단순 장비고장 요소선별로 만들어진 방식이지만 그 방식의 효율성 때문에 여러 산업분야에서 사용되며 또한 건축설계 및 DFS에서 충분히 적용을 검토할 필요가 있다.

Failure Mode and Effects Analysis(FMEA) 예시

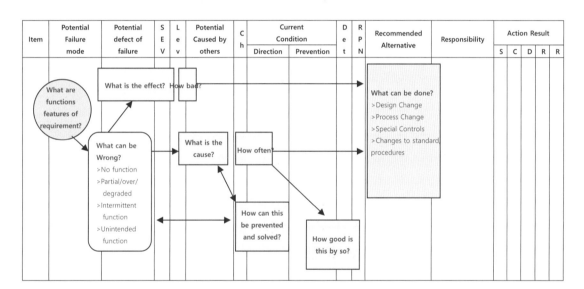

6) Fault Tree Analysis(FTA, 결함수 분석)

FTA(결함수 분석)은 시스템에 발생하는 중대한 고장이 어떠한 원인에 발생하는가를 이론적으로 분석하고 세분화하여, 최종적으로는 하나의 부품의 고장원인까지 규명해 나가는 Top-down의 수법을 말한다.

Fault Tree Analysis 예시

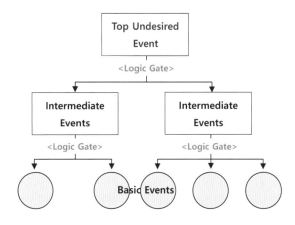

7) Management Oversight and Risk Tree(모트 분석, MORT)

지금까지 알아본 평가방식은 모두가 원칙적으로 사전에 문제점을 파악하여 초기 설계 프로세스에서 위험요소를 저감시키는 방법이다. 하지만 MORT는 사후처리 방식이다.

위험 발생의 사후분석 평가로 다음 프로젝트의 반복적 사고를 방지하는 것이 목표이다.

8) Hazard and Operability Analysis(위험과 운영분석, HAZOP)

HAZOP은 화학공장에서 공정 중의 위험성 및 작동 가능성 문제를 식별하기 위해 개발되었다. 이후 다양한 산업 공정 및 장비에 적용되었다. 특징이라면 숙달되고 경험이 많은 리더 중심으로 이끌어 가는 방식이다.

DFS에 적용하기에는 거리가 있는 방식이다.

Risk Item List-up(위험성 아이템 목록 작성)

여러 방법과 방식들을 통하여 위험요소도출(Hazard Identification)을 하였으면 이 중 위험요소(Hazard)로 인해 발생하는 위험성(Risk)이 높다고 판단되는 아이템을 정리하여 위험성 아이템 목록(Risk Item List)을 작성한다.

작성된 목록은 좀 더 객관적이며 전문적인 평가를 하기 위한 위험성 평가(Risk Assessment) 단계로 넘긴다.

03

위험성 평가
(Risk Assessment)

Risk란?

Risk(위험성)은 두 가지 축을 가지고 있다. X축은 Severity(심각성), Y축은 Probability(발생빈도)이다. 여기서 X축과 Y축이 교차되어 생기는 사각형 면적이 바로 Risk라고 생각하면 쉽게 이해가 된다.

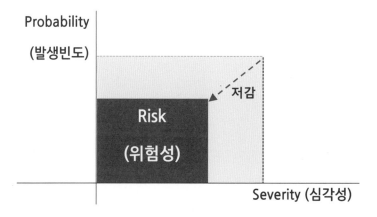

따라서 위의 사각형의 면적을 어떻게 줄일 것인가가 바로 위험성 저감대책이다.

위험성을 글자 의미 그대로 분석해 본다면 아래와 같다.

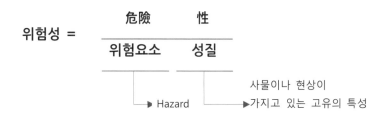

위험성은 '위험요소의 성질'이며 '성질을 어떻게 변화시키느냐'에 따라 위험요소가 미치는 영향이 변경된다. 성질이 없는 위험 그 자체인 Danger와 가장 큰 차이점이기도 하다. 그렇다면 위험성의 성질은 무엇일까?

앞서도 반복적으로 나오지만 Severity(심각성)와 Probability(발생빈도)이다. 두 가지 모두 변경하여 위험성을 저감시킬 수도 있다. 그러나 Severity(심각성)는 위험요소가 야기하는 피해를 나타내는 척도로 (잘) 변하지 않는 성질이라면, Probability(발생빈도)는 그 변치 않는 성질의 노출빈도를 뜻한다.

따라서 (잘) 변하지 않는 성질을 억지로 변경하는 것보다는 노출빈도를 변경하여 위험요소가 야기하는 피해가 발생하지 않도록 만드는 것이 위험성 저감대책에 더 효율적이다.

다시 말해 '고소(高所)작업' 시 높이에서 오는 추락의 위협은 없어지지 않는다. 단, 안전장치 등으로 떨어질 확률을 줄인다면 위험성의 사각형 면적은 쉽게 줄어든다는 것이다.

1) Severity(심각성)

위험요소에 노출되었을 경우 어느 정도의 피해를 입는가를 나타내는 것이다. 어느 정도의 피해(손실 크기)가 발생하는가는 객관적 지표를 기준으로 정하기가 어렵다. 같은 위치에서의 추락 사고도 부상 정도가 동일하지 않기 때문이다.

따라서 위험성 평가 때 주관적 경험을 바탕으로 판단하는 경우가 많다. 이는 심각성 파악에만 해당하는 것은 아니다. 위험성 평가의 전반적인 평가 그리고 저감대책의 적절성 평가역시 평가자의 개인적 경험과 주관적 판단이 바탕이 되는 경우가 많다. 따라서 경험이 많은 경험자의 조언이 필요하다. 또한 기존 사례분석(Case Study)을 통해 사전에 심각성 평가 정도의 기준을 프로젝트별로 지정하여 객관성을 유지시킬 수 있다.

2) Probability 또는 Likelihood(발생빈도)

'위험요소에 어느 정도 노출되는가?'를 뜻하는 것이다. 쉽게 말해 위험요소에 자주 노출되면 사고 확률이 높아지기 때문에 위험성이 높아지고, 적게 노출되면 그만큼 사고 확률과 위험성이 줄어든다. 보통 위험성 저감은 심각성이 변하는 경우보다 (대부분) 발생빈도가 종속 변수의 역할을 한다.

Risk Assessment(위험성 평가)

위험성 평가를 간단히 풀어 쓴다면 '사고가 심각하게 일어날 수 있는가?'를 판단하는 것이다.

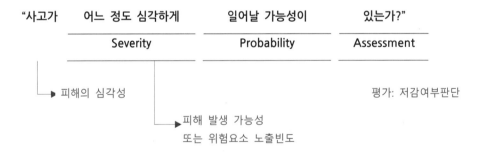

다시 말해, '어느 정도 심각한 사고인가?'는 심각성을 뜻하는 Severity로 정의된다.

그리고 '사고가 일어날 가능성이 어느 정도인가?'는 발생빈도(또는 가능성) 즉, Probability 또는 Likelihood를 뜻한다. 앞서도 설명했지만 바로 이 두 가지 요인 심각성(Severity)과 발생빈도(Probability)의 결합이 위험성(Risk)이며 이것을 평가하는 것이 '위험성 평가(Risk Assessment)'이다.

일반적으로 2차원적 위험성 평가로 위험성이 야기하는 피해의 수용여부를 판단하지만, 최근에는 더 정밀한 평가를 위해 시간, 환경, 근무자 숙련도, 위치 등 제3의 요소를 더해 평가하기도 한다.

하지만 제3의 요소가 보통은 정성적 평가가 필요한 요소들로, 경험이 부족하다면 오히려 평가의 신뢰도가 떨어진다.

1. Pre-Description

Repeated	Monthly	1.8	>Worker directly exposed to an unguarded fall hazard of working from a ladder. >Worker at the location for one to eight man-hours per shift, on average All worker are separated of there is only one worker.
Happening	Rare	1.1	
Proximity	Immediate	1.5	
Intervention	Independent	1	
Security	Fair	1.1	
Environment	Good	1.1	
Likelihood	Often	2.5	Adequate fall arrest; acceptable equipment. MAF, clearance, rescue plan, 100% protection
Prevention	Medium	0.2	
Severity	High	3.5	

Fall Distance = over 2.5m

2. Hazard Evaluation

Hazard Description	
Relative Risk Rating=1.22	Low Risk Hazard
0-5 Low, 5-10 Medium, 10-15 High, 15-20 Dangerous, 20+ Extremely	
Work	Worker access the roof top using a portable ladder that attaches to the tool.
Hazard Type	Hazard: Worker are exposed to a fall
Current Risk Management	Ladder Principles: The work does not require any vigorous pulling, pushing, or activity that could cause loss of balance. The ladder has been inspected according to the manufacturer's instructions. Workers Keep their centre of gravity close to the centre of the ladder and not outside the lines extended from the side rail. Keep safety in any situation during the work in anytime being. If any of these principles cannot be met the job must be stopped and an alternate method of fall protection such as PFA. All determination by along with the hierarchy of controls, consulting EHS, adding guardrails of scaffold and etc. Under event of situation to directly record the HQ.
Note.	-

0-5 Low	5-10 Medium	10-15 High	15-20 Dangerous	20+ Extremely

다음으로 심각성과 발생빈도에 대한 레벨설정에 대해서 알아보기로 한다. 레벨설정이 선행되어야 위험성 평가를 할 수 있으며 평가의 결과가 수용할 범위 이상일 경우 적절한 저감대책을 강구하여야 한다.

1) Severity Level(심각성 레벨)

국토교통부 고시 제2016-718호 '건설공사 안전관리 업무 수행지침'에 따르면 심각성 레벨은 Low, Medium, High의 3단계로 나누어져 있다. 그러나 '설계안전성검토 업무매뉴얼'에서는 4단계 또는 5단계로 발주청/발주자와 협의를 통하여 정할 수 있다고 명시되어 있다. 3단계로 나눌 경우, 사고의 다양성에 비해 피해 정도를 측정하기 부족한 점이 있기 때문에 5단계로 하는 것을 추천한다.

5단계 심각성 레벨 예시

5단계 **(High/** **Catachrestic)**	인적 피해	1명 또는 다수의 사망자 사고
	물적 피해 (건축물)	건물 전체 시스템 중지
	환경 피해 (공장시설)	환경과 인간에게 큰 영향을 주는 화학물질 유출
4단계 **(Medium-High/** **Critical)**	인적 피해	장애를 유발하는 부상 또는 질병 사고
	물적 피해 (건축물)	건물의 주요 구조부 붕괴 또는 건물 폐쇄(일시적)
	환경 피해 (공장시설)	환경과 인간에게 일시적 영향을 주는 화학물질 유출
3단계 **(Medium/** **Marginal)**	인적 피해	병원 치료 및 휴직 등이 요구되는 사고
	물적 피해 (건축물)	경미한 구조부 파손 또는 붕괴
	환경 피해 (공장시설)	외부에 공표할 필요가 있는 화학물질 유출

2단계 (Medium-Low/ Negligible)	인적 피해	경미한 부상으로 가벼운 병원 치료가 필요하지만 업무에는 지장 없는 사고
	물적 피해 (건축물)	중요치 않은 기구 또는 장치 파손
	환경 피해 (공장시설)	외부에 공표할 필요가 없는 화학물질 유출
1단계 (Low/ Insignificant)	인적 피해	가벼운 상처 등 응급처치 수준의 사고
	물적 피해 (건축물)	가벼운 시스템 정지 또는 오류
	환경 피해 (공장시설)	무해한 화학물질 유출

2) Probability/Likelihood Level(가능성/발생빈도 레벨)

Probability Level 역시 Severity Level과 동일하게 '건설공사 안전관리 업무 수행지침'에서는 3단계 레벨로 정하였지만, 다양한 사건 발생 가능성에 부합하기 위해서 4 또는 5단계로 나누어 평가하는 것이 더 효율적이다.

'설계안전성검토 업무매뉴얼'에서는 Probability는 발생빈도 즉, 발생 확률이라서 사건, 사고의 발생 가능성을 판단하는 요인인데 때로는 위험에 노출되는 빈도로 해석하여도 된다. 항상 동일한 것은 아니지만 위험노출이 빈번하면 사고발생 가능성도 높아지고 노출빈도가 적어지면 사고발생 가능성도 낮아지기 때문이다.

앞에서 언급한 것과 같이 위험성 저감대책을 수립할 때, 위험요소의 심각성을 변경하기 어려운 경우(대부분의 경우가 그렇다)는 위험요소에 노출되는 빈도를 조절하여 발생 가능성 자체를 줄이거나 없애는 것이 좋은 저감대책이라고 할 수 있다.

5단계 (High /Frequent)	발생빈도	반복/빈번하게 발생할 수 있는 경우
	발생기록	최근 3개월간 아차 사고기록이 있거나 1개월에 1회 정도 가능성이 있는 경우
4단계 (Medium- High /Likely)	발생빈도	여러 번에 걸쳐 발생할 수 있는 경우
	발생기록	최근 1년간 아차 사고기록이 있거나 1년에 1회 정도 가능성이 있는 경우
3단계 (Medium /Occasional)	발생빈도	간헐적으로 발생할 수 있는 경우
	발생기록	최근 5년간 사고 발생기록이 있거나 3년에 1회 정도 가능성이 있는 경우
2단계 (Medium- Low /Seldom)	발생빈도	발생할 수 있지만 잘 일어나지 않는 경우
	발생기록	최근 10년간 사고 발생기록이 있거나 5년에 1회 정도 가능성이 있는 경우
1단계 (Low /Unlikely)	발생빈도	발생하지 않겠지만 있을 수 있는 경우
	발생기록	사고 발생기록이 없거나 10년에 1회 발생할 가능성이 있는 경우

3) Risk Assessment Matrix(위험성 평가 매트릭스)

위험성 평가 방법은 매트릭스를 이용하여 평가한다. Severity(심각성)와 Probability(발생 빈도)의 곱으로 위험성을 산정하는 간단한 방법이다. 위험성 평가 매트릭스를 통해서 산출된 위험성이 사전에 발주청/발주자와 합의된 수용 범위를 벗어난 경우, 저감대책을 마련하여 위험성 레벨을 수용범위 내로 변경하여야 한다.

일반적으로는 '건설공사 안전관리 업무수행 지침'에서 명시된 것과 같이 위험성 레벨 High 인 아이템은 무조건 저감대책을 적용하여야 한다. 또한 Medium 레벨은 선택적으로 저감 대책을 적용하여도 괜찮다. 다만 이는 3x3 위험성 평가 매트릭스에만 적용된다. '설계안전 성검토 업무매뉴얼'에서 제안한 5x5 위험성 평가 매트릭스를 사용할 경우, 다양한 결과값 이 나오기 때문에 상황별 저감대책이 필요하다. 또한 프로젝트 용도별, 또는 위치, 시간 그리고 대상자에 따라서 Severity(심각성)와 Probability(발생빈도)는 변경될 수 있음을 알아야 한다. 즉, 위험성 평가는 절대적 평가가 아니라 상황에 따라 변경되는 상대적 평가라는 이야기이다.

5x5 위험성 평가 매트릭스 예시

		상해 또는 질병 발생의 심각성 및 개선 조치				
		5단계 High 사망 사고 /건물시스템 붕괴	4단계 Medium-High 장애 유발 /주요구조부 붕괴	3단계 Medium 병원 치료(휴직) /서브구조부 붕괴	2단계 Medium-Low 경미한 사고 /기기, 기구 파손	1단계 Low 응급처치 /가벼운 오류
선택된 시간 단위 또는 활동에 대한 발생 또는 노출의 가능성	5단계 Frequent 발생 빈번함	High(25) 위험성 레벨 수용하지 못함 위험성 제거 필요	High(20) 위험성 레벨 수용하지 못함 위험성 제거 필요	Serious(15) 위험성 레벨 저감 필요 저감대책 필요	Medium(10) 위험성 레벨 선택적 수용 상황별 대책 필요	Medium(5) 위험성 레벨 선택적 수용 상황별 대책 필요
	4단계 Likely 발생 가능성 높음	High(20) 위험성 레벨 수용하지 못함 위험성 제거 필요	Serious(16) 위험성 레벨 저감 필요 저감대책 필요	Serious(12) 위험성 레벨 저감 필요 저감대책 필요	Medium(8) 위험성 레벨 선택적 수용 상황별 대책 필요	Acceptable(4) 위험성 레벨 수용 가능 가능한 대책 확인
	3단계 Occasional 발생 가능성 보통	Serious(15) 위험성 레벨 저감 필요 저감대책 필요	Serious(12) 위험성 레벨 저감 필요 저감대책 필요	Medium(9) 위험성 레벨 선택적 수용 상황별 대책 필요	Medium(6) 위험성 레벨 선택적 수용 상황별 대책 필요	Acceptable(3) 위험성 레벨 수용 가능 가능한 대책 확인
	2단계 Seldom 발생 가능성 낮음	Medium(10) 위험성 레벨 선택적 수용 상황별 대책 필요	Medium(8) 위험성 레벨 선택적 수용 상황별 대책 필요	Medium(6) 위험성 레벨 선택적 수용 상황별 대책 필요	Acceptable(4) 위험성 레벨 수용 가능 가능한 대책 확인	Low(2) 위험성 없음 대책 필요 없음
	1단계 Unlikely 발생 가능성 거의 없음	Medium(5) 위험성 레벨 선택적 수용 상황별 대책 필요	Acceptable(4) 위험성 레벨 수용 가능 가능한 대책 확인	Acceptable(3) 위험성 레벨 수용 가능 가능한 대책 확인	Low(2) 위험성 없음 대책 필요 없음	Low(1) 위험성 없음 대책 필요 없음

상기의 매트릭스는 예시안이기 때문에 그대로 따라갈 필요는 없다. 앞서 언급한바와 같이 상황에 따라 많은 다양성을 가진 것이 위험성이기 때문이다. 더불어 발주청/발주자와의 사전 협의에 따라서 대책 마련의 수위도 달라진다.

상기 매트릭스의 수치는 양변의 곱으로 위험성 레벨 수치에 따라 저감대책 대응레벨을 정하여 따르는 방법도 있다.

위험성 대응 매트릭스 예시

위험성 구분	위험성 수치	대응책
Low	1~2	**저감대책 필요 없음** (설계 완성도를 높이는 변경은 가능)
Acceptable	3~4	**위험성 레벨 수용 가능** 저감대책 마련할 필요는 없지만 어떤 종류가 있는지 확인은 할 수 있음 상황에 따라 적용 가능 (비용 절감 효과 등)
Medium	5~10	**위험성 레벨 선택적 수용 가능** 법적으로 저감대책을 마련할 필요는 없지만 선택적(발주청 협의 등)으로 적용할 수 있음
Serious	12~16	**위험성 레벨 저감 필요** 저감대책 마련이 필요함 (발주청 협의에 따라 적용 또는 부적용 판단)
High	20~25	**위험성 레벨 수용하지 못함** (위험요소를 제거할 수 있는 대책 마련이 필요함)

위험성 평가 매트릭스를 사용하는 이유는 위험성 평가 자체가 경력자의 개인 경험을 바탕으로 주관적 판단이 개입되기 때문이다. 따라서 평가의 신뢰성을 유지하기 위해서 객관적 근거가 되는 매트릭스 수치가 필요하다.

물론, 매트릭스 수치 자체도 주관적 판단의 근거이지만 여러 명의 합의를 통해 만들어진 매트릭스는 집단 이성의 객관성을 유지할 수 있다.

위험성 평가를 통해서 수용 범위가 벗어난 위험요소는 저감대책이 필요하다. 다음 장에서 저감대책 작성에 대해 알아보기로 한다.

04

저감대책
(Alternative)

저감대책 선정

위험성 평가 매트릭스의 '수용범위에서 벗어난 위험요소'에 대해서는 저감대책을 마련하고 적용하여야 한다. 가능한 두 가지 이상의 저감대책을 고안하고 그중 최선안을 저감대책으로 선정하여야 한다. 위험성 평가 매트릭스에서 '위험성 레벨 선택적 수용 가능'에 대해서는 저감대책을 세우고 적용이 가능하다.

그리고 위험성 평가 매트릭스에서 설사 '저감대책이 필요 없다고 판단된 위험요소'에 대해서도 상황에 따라 또는 설계의 완성도를 높이기 위해 저감대책을 적용할 수 있다.

위험성 저감대책은 HOC(Hierarchy of Control)의 원칙에 따라 작성한다.

HOC(Hierarchy of Control)

HOC는 일반적으로 5단계로 나누어지는데 제거(Elimination), 대체(Substitution), 기술적 제어(Engineering Control), 관리적 제어(Administrative Control), 개인보호 장비착용(Personal Protective Equipment)의 순서이다.

이 중 제거, 대체, 기술적 제어까지가 일반적으로 설계단계에서 저감대책으로 선택하기 적합하다.

관리적 제어 및 개인보호 장비 착용은 시공단계의 저감대책으로 선택될 수 있지만 설계단계에서는 지양해야 한다. 하지만 '개인보호 장비착용'은 '추락방지시스템(PFAS: Personal Fall Arrest System)'의 경우 설계단계에서 설치할 위치를 사전에 설계하여 설계도서에 반영하여야 한다. Life-line, Anchor point 같은 경우가 그에 해당한다.

1) 제거(Elimination)

위험요소가 발견된 설계 또는 시공방법 등을 변경 또는 삭제하여 위험요소를 원천적으로 제거시키는 방법이다. 위험요소를 처리하는 가장 좋은 방법이지만, 대규모 설계변경이 요구되는 경우가 발생할 수 있어서 현실적으로 적용에 어려움이 있을 수 있다. 때문에 설계 초기단계에서 위험요소를 검토하여 '제거'하거나 Check-list 또는 Criteria를 따라 설계 시작 전 위험요소가 생길 가능성을 사전에 차단하는 방법을 고려하는 것이 중요하다.

2) 대체(Substitution)

위험요소가 있는 설계 또는 시공방법 등을 다른 방안으로 대체하여 위험요소의 위험성 레벨을 저감시키는 방법이다. 현실적으로 설계에 적용되기 쉬운 방법이나 때에 따라서 '기술적 제어'와 '제거' 사이에서 모호한 구별 형태로 나타난다.

3) 기술적 제어(Engineering Control)

기술적 방법 또는 안전 시스템 설치 등으로 위험요소로부터 격리 또는 이격시키는 방법이다. 앞서 언급한 것과 같이 '제거', '대체'와 모호한 구별점이 있다. 예를 들어, 옥상에 난간을 설치를 할 경우, 난간 설치는 '기술적(설계적) 제어'라고 볼 수도 있지만 때로는 추락의 위험을 거의 배제시키는 방법으로 위험요소 '제거'의 효과를 가진다고 판단할 수 있기 때문이다.

사실 '제거'의 의미는 원천적으로 위험 요소를 없앤다는 뜻으로 '옥상난간의 예'에서는 옥상으로 통하는 문을 없애버려 애초에 누구도 옥상으로 올라갈 수 없도록 만드는 것이 원래의 의미라고 볼 수는 있다. 하지만 '제거'의 의미는 때로는 발생빈도를 원천적으로 봉쇄하는 '0'이 아닌 '0'에 수렴하여 위험성을 극감시키는 범위도 포함할 수도 있다.

다시 '옥상난간의 예'로 돌아가 보자면 난간 자체를 3m 이상으로 만들어 부차적인 위험요소(사다리 등)가 동원되지 않는 한 인간이 넘을 수 없는 높이로 난간을 설계하는 것도 '제거'라고 할 수 있다.

다시 정리하자면, '제거', '대체' 그리고 '기술적 제어'는 상황에 따라서 동일한 의미가 될 수도 있고 다른 의미가 될 수도 있다.

4) 관리적 통제(Administrative Control)

현장교육, 훈련, 감독 등을 통한 위험요소 저감대책으로 설계단계에서는 적합하지 않은 방법이나 설계단계에서 적용할 수 없는 것은 아니다. 설계단계에서 저감시키지 못한 위험요소에 대해서 문서(설계안전검토 보고서)에 명기하여 시공단계에서 교육과 훈련을 수행하게 할 수 있다.

위의 '옥상난간의 예'의 경우, 설계도서에 영구적인 안전게시판 설치를 표시하는 방안은 설계단계에서 할 수 있는 '관리적 통제' 방안이다. 또한 계단실 또는 엘리베이터 샤프트와 같은 바닥 개구부는 시공 중에 추락 위험이 많은 곳으로 이 위치에 '추락위험표식'을 설계도서에 표시한다면 이는 시공중에 발생하는 추락사고를 방지하는 '관리적 통제' 방안의 하나라고 볼 수 있다.

5) 개인보호장비(Personal Protective Equipment)

줄여서 PPE라고 부르며 위험요소 저감대책을 개인이 착용한 보호 장치에 위임하는 방법이다. 위험에 대한 책임을 개인에게 부과하는 마지막 수단이라고 보면 된다. 하지만 개인보호장비를 원활하게 사용할 수 있는 환경구현은 설계단계의 몫이다. 개인보호장비를 설치할 수 있는 Life-line, Anchor point 설계가 이에 해당한다.

위와 같이 저감대책은 일반적으로 5단계로 구분하여 사용하고 있으며 최근에는 Risk Avoidance(위험회피), Warning System(경보 시스템) 단계가 추가되는 경우도 있지만 보통은 5단계로 쓴다.

하지만 실제 설계에 적용하면 5개의 대책이 서로 교차해서 효과를 나타내는 경우가 많다. 따라서 위험성 저감대책은 5단계 모든 가능성을 조합하여 산출하는 것이 옳은 방법이다.

위험성 저감대책 단계(Hierarchy of Controls)

Risk Avoidance(위험성 회피):

설계단계에서 적절한 대책/변경 및 작업기준을 제시하여
해당 장소에 위험 요소가 더 이상 유입되는 것을 금지

Eliminate(제거):

위험성에 노출된 장소 및 작업을 사전에 제거

Substitution(대체):

대안 및 대책을 적용하여 위험성을 저감

Engineering Controls(기술적 통제):

안전기술 및 안전장치를 통합하여 설치 및 적용

Warning(경보 시스템):

경보시스템 설치

Administrative Controls(관리적 통제):

행정적인 통제방법(업무조직, 훈련, 일정관리, 감독 등)을 시행

Personal Protective Equipment(개인보호 장비):

Provide Personal Protective Equipment(PPE) 개인보호장비 지급

저감대책 작성

모든 저감대책으로 '제거'를 선택할 수는 없다.

심각한 위험요소가 아닌 이상 수용 가능한 범위 내로 위험요소 레벨을 낮춘다면 충분하다. 기본적으로 건축은 '설계'를 통해 '공간'을 '계획'하고, '시공'으로 그것을 '실현'하는 것이다. 위험요소가 있다고 '공간계획'을 모두 제거할 수 없고, 위험요소가 있다고 '시공공정'을 멈출 수는 없기 때문이다. 여기서 나온 개념이 ALARP(As Low As Reasonably Practicable)이다.

1) ALARP(As Low As Reasonably Practicable)

ALARP는 '합리적으로 수긍할 만한 수준으로 낮게'라고 해석된다. 위험성 레벨을 낮추는 저감대책을 적용하기 위해서는 일반적으로 자원(돈, 공간, 시간, 작업방법 등)을 투자해야 한다. 그러나 자원투자도 한계가 있고 나름의 경제적 가치가 있기 때문에 무한정 투자를 하여 위험성을 낮출 수는 없다.

따라서 위험성을 감소하기 위해서 경제적 관점을 통해 과도한 자원 지출 즉, 비용 증가 등은 지양하며 합리적 수용 가능한 수준까지만 대안을 적용시킬 것을 권한다는 말이다.

합리적 수용가능 레벨은 앞에서도 여러 번 언급했지만, 발주청/발주자와의 합의를 통해서 사전에 기준을 정하는 것이 중요하다.

2) 저감대책 평가

ALARP 개념을 토대로 작성된 저감대책을 적용하기 이전에 저감대책의 적절성 평가가 필요하다. 저감대책 평가는 프로젝트의 목적과 특수성을 고려한 평가항목, 가중치, 평가등급을 설정한 후 평가를 한다. 평가항목, 가중치, 평가등급은 사전에 발주청/발주자와 협의하여 정한다.

여러 개의 저감대책이 다양한 방법으로 제시되었을 경우, 관계자들의 경험과 상식적 판단을 기초로 1차적으로 2~3개 대안으로 줄인 후 앞서 설정한 평가기준을 통해 저감대책 평가를 시행해야 한다.

발주청/발주자, 설계자 및 기타 관련자들은 객관적인 검토결과와 판단을 유지하고 확보하기 위해서 외부 건설안전 전문인력의 자문을 구할 수 있다.

3) 저감대책 평가표

국토교통부 고시 '설계안전성검토 업무매뉴얼'이 제시하는 평가표가 있다.

평가항목은 안전관리, 미관, (안전) 기능, 기술, 비용, 시간 그리고 환경 7가지의 항목으로 프로젝트의 목적과 특수성을 감안하여 가중치로 평가항목의 중요성을 구별한다.

① 안전관리: 대안 적용으로 요구되는 (현장) 안전관리 수준의 정도 평가

② 미관: 대안 적용으로 (건물) 미관 영향 평가

③ (안전) 기능: 대안 적용으로 개선/변경되는 (안전) 기능 평가

④ 기술: 대안 적용에 필요한 (설계, 공법) 기술적 난이도 평가

⑤ 비용: 대안 적용으로 인한 (초기대비 또는 향후 유지관리) 비용 증감 평가

⑥ 시간: 대안 적용으로 인한 작업시간(설계 변경 시간, 공사기간) 증감 평가

⑦ 환경: 대안 적용으로 인해 발생되는 (Micro/Macro) 환경적 변화에 대한 평가

저감대책 평가표[*]

No					평가 관점과 주요 목적				
위험요소									
위험성(물적)/(인적)									
대안 1									
대안 2									
대안평가	안전관리	미관	기능	기술	비용	시간	환경	총점
가중치	1	1	1	1	1	1	1	-
대안 1								
	평가	평가	평가	평가	평가	평가	평가	
대안 2								
	평가	평가	평가	평가	평가	평가	평가	

평가 : A(3점) - 바람직 B(2점) - 받아들임 C(1점) - 받아들일 수 없음

결정	대안 1		대안 2		선정된 대안에 대한 위험성 평가 : 빈도( ) X 강도( ) = ( ) 허용 수준 만족 여부 : 만족( ), 불만족( ) (허용수준 불만족 시 대안 재도출 또는 시공단계 해결로 이전 명기)
서명	설계자	(인)	총괄책임자	(인)	

대안에 대한 평가기준 예[**]

평가	안전 관리	미관	기능	기술	비용	시간	환경
A (바람직)	대안의 현장 안전관리 요구 수준이 낮음	영향 없음 또는 개선된 경우	영향 없거나 개선된 경우	기술적 적용 에 난이도가 없음	비용이 10% 이상 감소한 경우	시간이 10% 이상 감소한 경우	개선된 경우
B (받아들임)	대안의 현장 안전관리 요구 수준이 보통	영향을 받아 효과가 감소한 경우	영향을 받아 기능이 다소 감소한 경우	기술적 적용 에 다소 난 이도 있음	비용 증감이 ±10% 이내 인 경우	시간 증감이 ±10% 이내 인 경우	영향이 미비 한 경우
C (받아들일 수 없음)	대안의 현장 안전관리 요구 수준이 높음	영향을 받아 효과가 현저히 감소한 경우	영향을 받아 기능이 현저히 감소한 경우	기술적 적용 에 난이도가 높음	비용이 10% 이상 증가한 경우	시간이 10% 이상 증가한 경우	부정적인 영향이 커진 경우

---

[*] 출처: 설계안전성검토 업무매뉴얼 - 저감대책 평가표

[**] 출처: 설계안전성검토 업무매뉴얼 - 평가기준

저감대책 적용

평가를 통하여 선정된 저감대책을 적용시킨다.

제거가 아닌 저감대책은 모든 위험요소가 해결되는 것은 아니다. 잠재된 위험요소는 시공 또는 완공 후 사용 그리고 유지보수단계에서도 일정 수준 이상의 위험요소로 남아 있는 경우도 있다.

그렇기 때문에 설계자는 잔여 위험요소를 안전관리계획서 등 문서에 반영하여, 다음 관리 주체에게 알려야 한다.

05

잔여위험성 평가
(Residual Risk Assessment)

잔여위험성

저감대책을 적용 후 다시 잔여위험성을 평가하여야 한다. 재평가한 후의 잔여위험성이 수용 가능한 수준인가를 결정하기 위해서이다.

잔여위험성 레벨을 수용할 수 없다면 다시 한번 위험성 '제거', '대체' 또는 기타 '제어/통제 방법'을 적용하여야 한다. 경우에 따라서는 기존 저감대책과 더불어 동시에 적용한다.

잔여위험성 평가과정은 수용 가능한 위험성 레벨이 달성될 때까지 반복해서 진행한다. 잔여위험성 레벨이 용납될 수 있지만, 적은 비용으로 '설계의 완성도'를 높일 수 있거나 기타 장점, 비용절감 효과 등을 가져오는 저감대책일 경우 안전유무와 상관없이 적용을 고려할 수 있다.

위험성 관리주체 변경

위험성 평가 매트릭스에서 High 레벨 즉, 수용할 수 없는 레벨로 반드시 제거하여야 하는 위험성은 설계단계에서 최대한 제거를 시도한다. 그럼에도 불구하고 설계단계에서 가능한 저감대책으로 제거 또는 수용할 수 있는 레벨까지 낮추지 못한 위험요소가 있다. 이때는 시공단계에서 저감대책을 만들 수 있도록 위험요소의 대한 정보와 제어권한을 넘긴다.

물론, 관련 내용은 문서화(설계안전성검토, 안전관리계획서 등)하여 시공자 또는 다음 관련 담당자에게 명확히 전달되어야 한다.

PART

설계안전성검토 보고서 작성

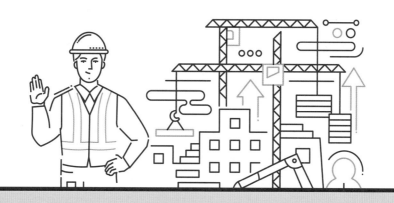

설계안전성검토 보고서
작성 목적은

기존 시공자 중심의 안전관리 제도에서
모든 건설공사 참여자(발주자, 설계자,
시공자 등)들이
참여하는 형태로, 변화의 시작이다.

01

설계안전성검토 업무매뉴얼 요약

국토교통부 고시 제2016-718호 '건설공사 안전관리 업무수행지침'의 '건설공사 안전관리 업무매뉴얼'을 바탕으로 우리나라 DFS(이 장에서는 '설계안전성 검토'로 통일하여 지칭한다.) 보고서 작성 및 절차에 대해서 알아보기로 하자.

설계안전성검토 절차수립

설계안전성검토 업무를 시작하기 전에 발주청/발주자를 포함하여 설계관련자 그리고 설계자는 설계안전성검토의 목표를 설정하고 업무일정을 정한다.

이 단계에서 수용 가능한 위험성 레벨 등을 정하고 설계안전성검토 업무참여자의 조직구성, 업무분장 그리고 책임을 정한다.

설계안전성검토 보고서 작성

설계안전성검토 보고서의 위험성 평가 프로세스, '위험요소 파악(Hazard Identification), 위험성 아이템 목록 작성(Risk List-up), 위험성 평가(Risk Assessment), 저감대책 수립/적용(Alternative)'을 기본으로 다음의 순서를 따른다.

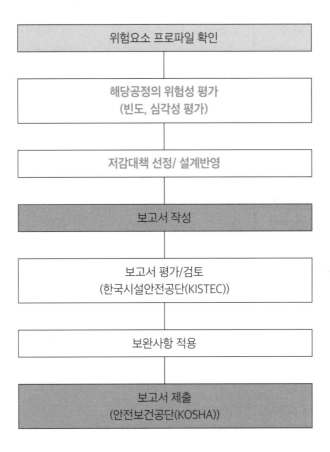

1) 위험요소 프로파일 확인

사고특성과 형태파악을 위한 관련 자료분석을 시행한다. 이때 기존의 보고서를 참조하거나 Case Study를 확인할 수도 있다.

프로젝트 수행을 위한 설계 Criteria와 Check-list도 정할 수 있다.

① 발주자가 제공한 위험요소와 저감대책

② 건설안전정보시스템의 위험요소 프로파일

③ 산업재해 통계 및 유형

④ 유사 공종에 대한 재해 사례

⑤ 유사 공종의 안전관리계획서

⑥ 기 시공된 유사 공사의 실시설계 도서

⑦ 설계안전성검토 사례(국내/외 사례)

⑧ 작업안전에 관련된 규칙(산업안전보건 기준에 관한 규칙 등)

⑨ 기타 건설 현장 안전 자료

2) 사고 유형 분석

설계안전성검토 보고서는 물적 피해와 인적 피해를 구분해서 평가하도록 되어 있다. 물적 피해와 인적 피해는 아래의 유형을 기준으로 평가한다.

① 물적 피해 유형

- 무너짐/붕괴/도괴(건축물이나 쌓여 있던 물체가 무너짐): 도랑의 굴착사면 무너짐, 적재물 등의 무너짐, 건설 중 또는 인접 건축물/구조물의 무너짐, 가설 구조물의 무너짐, 절취사면 등의 사면 무너짐, 기타 무너짐

- 넘어짐/전도(건설기계 등이 넘어짐): 운송수단, 건설기계/설비가 넘어짐, 기타 넘어짐

- 화재, 폭발, 파열: 화재, 기계/설비의 폭발, 캔/드럼 폭발, 파열, 기타

- 화학물질 누출: 화학물질 누출, 기타

- 기타

② 인적 피해 유형

- 떨어짐/추락(고소작업자 등이 떨어짐): 계단, 사다리에서 떨어짐, 개구부 등이 지면에서 떨어짐, 재료더미 및 적재물에서 떨어짐, 지붕에서 떨어짐, 비계 등 가설 구조물에서 떨어짐, 건물 대들보나 철골 등 기타 구조물에서 떨어짐, 운송수단/기계 등 설비에

서 떨어짐, 기타 떨어짐

③ 넘어짐/전도(작업자 등이 미끄러지거나 넘어짐): 계단에서 넘어짐, 바닥에서 미끄러져 넘어짐, 바닥 돌출물 등에 걸려 넘어짐, 운송수단 또는 설비에서 넘어짐, 기타 넘어짐

④ 깔림/전도(물체의 쓰러짐이나 뒤집힘): 쓰러지는 물체에 깔림, 운송 수단 등의 뒤집힘, 기타 깔림, 뒤집힘

⑤ 부딪힘/충돌(물체에 부딪힘): 사람에 의한 부딪힘, 바닥에서 구르는 물체에 부딪힘, 흔들리는 물체 등에 부딪힘, 취급 또는 사용 물체에 부딪힘, 차량 또는 건설장비 등과의 부딪힘, 기타 부딪힘

⑥ 맞음/낙하/비래(날아오거나 떨어진 물체에 맞음): 떨어진 물체에 맞음, 날아온 물체에 맞음, 기타 날아온 물체에 맞음

⑦ 끼임/협착(기계설비에 끼이거나 감김): 직선운동 중인 설비 또는 기계 사이에 끼임, 회전부와 고정체 사이의 끼임, 두 회전체의 물림점 끼임, 회전체 및 돌기부 감김, 인력운반/취급 중인 물체에 끼임, 기타 끼임

⑧ 절단/베임: 회전날 등에 의한 절단 및 베임, 취급물체에 의한 절단

⑨ 취급물체에 의한 베임/찔림: 기타 절단/베임/찔림

⑩ 감전: 충전부에 감전, 누설전류에 감전, 아크 감전(접촉), 기타

⑪ 교통사고: 사업장 내 교통사고, 사업장 외 교통사고

⑫ 화학물질 접촉, 산소결핍/질식, 기타

⑬ 기타: 빠짐/익사, 이상온도 접촉 등

3) 저감대책 선정

HOC의 원칙으로 저감대책을 수립하고 7가지 평가항목으로 저감대책을 선정한다. 결정된 저감대책은 설계도서에 반영하고 잔여위험성 평가를 다시 시행한다. 저감대책을 반영함에도 불구하고 설계와 시공업무 차이로 인해 잔여위험성이 존재하는 경우, 문서화하여 다음 단계(시공, 운영, 유지보수)의 관계자에게 전달하도록 한다.

설계안전성검토 보고서 목차 예시 및 양식

1) 설계안전성 검토 보고서 목차 예시

제1장 대상사업 개요 및 결과요약	1.1 대상사업 개요
	1.2 결과요약
제2장 설계안전성검토 절차	2.1 설계안전성 검토 목표 설정
	2.2 설계안전성 검토 수행절차 및 일정
	2.2.1 설계안전성 검토 수행절차
	2.2.2 전체 일정
	2.3 설계안전성 검토 참여자
	2.4 관련 자료 검토
제3장 설계안전성 평가	3.1 공종별 위험요소 도출
	3.2 발생빈도, 심각성의 등급 및 기준
	3.3 위험요소별 위험성 평가
	3.4 위험성 허용수준
	3.5 위험요소별 저감대책
	3.5.1 저감대책 선정 협의사항
	3.5.2 저감대책 대안평가
	3.6 위험요소별 관리주체 선정 적정성
제4장 위험성 평가표 요약	
제5장 잔여위험요소	
부록	1. 설계도면
	2. 관련자료
	3. 건설신기술 또는 특허공법(채택된 경우) 저감대책 검토 보고서
	4. 기타 발주자와 설계자가 협의한 내용 등

2) 설계안전성검토 보고서 양식[*]

설계안전성검토 보고서 표지

공사명			공사비	
공사기간			공사종류	
설계자	회사명		작성일	
			작성자	
	담당부서		설계반영 여부	
			설계반영 담당	
발주자	기관명			
	담당부서		담당자	
시공자	회사명			
	담당부서		담당자	
사업관리 · 감독	회사명			
	담당부서		담당자	

위험성 평가 서식

No	공종명	위험요소	위험성					위험요소 저감대책	저감대책 적용 후 위험등급	위험요소 관리주체	위험요소 저감대책 가정/제3자에 의한 저감대책	잔여 위험요소		
			물적피해 (사고결과_ 사고유발원인)	인적피해	발생빈도	심각성	위험등급					Yes/No	위험요소 보유자	안전관리문서

* 출처: 건설공사 안전관리업무 수행 지침 - 국토교통부 고시 제2016-718호

No			평가 관점과 주요 목적					
위험요소								
위험성(물적)/(인적)								
대안 1								
대안 2								
대안평가	안전관리	미관	기능	기술	비용	시간	환경	총점
가중치	1	1	1	1	1	1	1	-
대안 1								
	평가	평가	평가	평가	평가	평가	평가	
대안 2								
	평가	평가	평가	평가	평가	평가	평가	

평가 : A(3점) - 바람직   B(2점) - 받아들임   C(1점) - 받아들일 수 없음

결정	대안 1		대안 2		선정된 대안에 대한 위험성 평가 : 빈도( ) X 강도( ) = ( ) 허용 수준 만족 여부 : 만족( ), 불만족( ) (허용수준 불만족 시 대안 재도출 또는 시공단계 해결로 이전 명기)
서명	설계자	(인)	총괄책임자	(인)	

설계안전성검토 사례

NO	해결단계		저감대책 단계					비고
	설계단계	시공단계	제거	대체	기술적 제어	관리적 통제	개인보호구	
A-05	○		○					

No	공종명	위험요소	위험성					위험 요소 저감 대책	저감 대책 적용 후 위험 등급	위험 요소 관리 주체	위험요소저 감대책가정 /제3자에 의한 저감대책	잔여 위험요소		
			물적피해 (사고결과_ 사고유발 원인)	인적 피해	발 생 빈 도	심 각 성	위 험 등 급					Yes / No	위험 요소 보유자	안전 관리 문서
A-05	관로 공사	관로배관 상·하부 교차 시공으로 무너짐 우려	무너짐	깔림	3	3	9	동일선상 수평배 관으로 배치	4	설계자	굴착 사면 의 안전성 확인	Yes	시공자	반영

No		A-05		평가 관점과 주요 목적					
위험요소		관로 상·하 시공으로 무너짐 우려		· 관로배관 상·하 공사 시에 협소한 공간으로 작업자의 작업에 어려움과 관로 하중 불균형으로 무너짐에 대한 위험요소 개선					
위험성(물적☑ / 인적☑)		무너짐/깔림							
대안 1		동일선상 수평배관으로 배치							
대안 2		-							
대안평가	안전관리	미관	기능	기술	비용	시간	환경	총점
가중치	1	1	1	1	1	1	1	
대안 1	굴착 사면의 안전성 확인	영향 없음	관로의 수평도 확 인	기술적 문제 없음	비용증감 10%이 내	시간증감 10%이 내	영향 없음	16
	평가	A	평가	B	평가	B	평가	A	평가	B	평가	B	평가	B	
대안 2								
	평가	평가	평가	평가	평가	평가	평가	

평가 : A(3점) - 바람직   B(2점) - 받아들임   C(1점) - 받아들일 수 없음

결정	대안 1	◎	대안 2		선정된 대안에 대한 위험성 평가 : 빈도(2) X 강도(2) = (4) 허용 수준 만족 여부 : 만족(○), 불만족( )
서명	설계자	(인)	총괄책임자	(인)	

02

참여기술자의 역할

발주청/발주자

설계자에게 공사 조건과 관련된 자료의 제공, 위험요소의 도출과 관련된 정보의 제공, 설계안전성검토 목표 결정, 위험요소 저감대책 반영 여부, 설계안전성검토 보고서의 승인 등의 역할을 담당한다.

설계자

설계자의 의사결정이 건설안전에 미치는 영향과 효과는 크며, 설계단계에서 수행하는 위험요소의 제거 및 감소는 사업전반의 건설안전에 큰 영향을 미친다. 또한, 근본적인 위험요소 제거의 기술적인 문제를 가장 효과적으로 해결할 수 있는 주체는 역시 설계자이다.

때문에 설계안전성검토 절차를 실질적으로 수행하는 주체로서 사업목적물과 작업자, 사용자 그리고 유지보수 관리자들이 위험요소에 노출되지 않도록 적극적인 노력을 해야 한다.

1) 설계조건 검토 및 확인

설계자는 발주자의 설계서(과업지시서) 설계조건에서 명시된 안전관리 부문의 요구사항을 확인 및 검토하여야 한다. 설계자는 발주자의 과업지시서에 안전관리 요구사항이 명시되어 있지 않은 경우에도 관련 법규와 규정의 요구사항을 검토 및 확인하여야 한다.

2) 건설안전을 고려한 설계

① 설계에서 가정한 시공법 및 절차에 의해 발생하는 위험요소가 회피, 제거, 감소되도록 한다.
② 시공단계에서 설치되는 가설시설물의 안전한 설치 및 해체를 고려해야 한다.
③ 깊은 지하굴착을 최대한 배제하여야 한다.
④ 위험장소에서의 작업을 최소화하기 위해 공장제작자재의 활용을 적극적으로 고려하여야 한다.
⑤ 동일 작업장소에서 시공절차가 충돌되지 않고 안전한 작업이 이루어지도록 하여야 한다.
⑥ 시설물의 유지관리가 용이하도록 개·보수 및 청소를 위한 전용통로, 설비의 설치 및 제거가 용이한 반입구 등을 고려하여야 한다.
⑦ 부서지기 쉬운 자재가 최소화되도록 하여야 하며, 석면 및 석면이 함유된 자재가 사용되지 않도록 하여야 한다.
⑧ 해체 및 개·보수 공사 시 기존 구조물의 안전성을 확보하여야 한다.
⑨ 지반굴착공사의 시행시기가 장마철, 해빙기와 겹칠 경우에는 이에 대한 안전성검토를 실시하여야 한다.
⑩ 건설공사 중 근로자의 안전확보를 위하여 「산업안전보건법」 제23조부터 24조까지에서

정하는 내용을 고려해야 한다.

3) 설계안전성검토 준비

설계자는 설계안전성검토 보고서의 제출 및 검토시기를 포함한 단계별 일정을 수립하여
발주자와 협의하여야 한다. 설계자는 설계도서와 유사재해 사례를 분석하여 발생 가능한
위험요소를 사전에 파악하여야 한다. 대표 설계자는 설계안전성검토 팀원이 참여하는 워
크숍 등을 개최하여 설계안전성검토 작업 방향을 설정하고, 참여자 교육을 실시해야 한다.
또한 발주자도 참여할 수 있도록 협의하여야 한다.

4) 위험성 평가 및 저감대책 수립

2장의 위험성 평가 및 저감대책 수립 절차를 참고하여 설계자는 위험성 평가 및 저감대책
을 수립하고 설계도서에 반영해야 한다. 설계자는 도출된 위험요소에 대한 저감대책이 적
용된 경우의 위험성 평가를 실시하여 위험성이 허용 수준 이내임을 확인해야 한다. 단, 설
계단계에서 허용 수준을 만족하는 저감대책을 수립하기 어려운 위험성에 대해서는 시공단
계 및 후발단계에서 저감대책을 수립하고 위험성을 저감시킬 수 있도록 관련 정보를 문서
화하여 전달해야 한다.
*참고: 설계자는 설계에 가정된 시공방법과 시공절차, 남아 있는 위험요소의 통제수단을 안
전관리 문서에 반영하여야 한다.*

5) 설계안전성검토 보고서의 제출과 보완

서식에 따라 위험요소, 위험성, 저감대책 형태로 설계안전성검토 보고서를 작성하여야 하
며, 「건설기술 진흥법」 제39조제3항 및 「건설기술 진흥법 시행령」 제57조에 따른 건설사업
관리대상 설계용역인 경우에는 설계단계 건설사업관리기술자에게 검토를 받아야 한다.

설계자는 협의된 일정에 따라 발주자에게 설계안전성검토 보고서를 제출하여 시공과정의 안전성을 확보한 설계가 적정하게 이루어졌는지의 여부를 검토받아야 한다. 설계자는 설계안전성검토 보고서의 심사과정에서 시공과정의 안전성을 확보하기 위하여 설계 내용에 개선이 필요하다고 지적받은 사항에 대해서는 보완·변경 등 필요한 조치를 하여야 한다.

6) 최종 설계안전성검토 보고서 제출

설계자는 최종 성과품으로 다음의 내용이 포함된 문서를 건설사업관리기술자에게 확인(설계단계의 건설사업관리용역이 발주된 사업에 한함)받고, 이를 발주자에게 제출하여 승인을 받아야 한다.

① 설계과정에서 도출한 건설안전 위험요소 및 위험성에 대한 평가 결과를 정리하여 위험 요소/위험성/저감대책 형태로 작성된 설계안전검토 보고서(건설공사 안전관리 업무수행 지침의 서식 반영)
② 설계에 잔존하여 시공단계에서 반드시 고려해야 하는 위험요소, 위험성, 저감대책에 관한 사항
③ 설계에 가정된 각종 시공방법과 시공절차에 관한 사항

최종 성과품이 설계서(과업지시서)의 조건을 충족하지 못하여 발주자의 수정·보완을 요청 받은 경우 설계자는 필요한 조치를 취해야 한다.

검토자 및 검토기관

발주자는 설계안전성검토 보고서를 검토하기 위해서 자체 기술자문회의 구성 또는 한국시설안전공단에 검토 의뢰를 한다.

1) 발주자 자체 기술자문회의

발주자 소속 설계전문가, 외부전문가(설계, 학계 등), 외부 건설안전전문가 등 5인

2) 설계안전성검토 보고서 심사 결과

① 적정: 위험요소의 평가와 저감대책이 구체적이고 명료하게 계획되어 건설공사의 시공 안전성이 충분히 확보되었다고 인정될 때
② 조건부적정: 안전성 확보에 치명적인 문제가 있지는 않은지 일부 보완이 필요하다고 인정될 때
③ 부적정: 시공 시 안전사고가 발생할 우려가 있거나 설계안전성검토 결과에 중대한 결함이 있다고 인정될 때

건설사업관리 기술자 및 시공자

건설사업관리 기술자는 설계안전성검토 보고서 이행을 확인한다. 시공자는 설계안전성검토 보고서를 이행 및 내용을 반영하여 안전관리 문서작성을 하며 잔여위험요소를 확인하여 제거 또는 저감한다.

03

설계안전성검토 보고서 작성의 예

설계안전성검토 보고서 작성법

설계안전성검토 보고서 작성법에 대해서 알아보기로 한다. 건설공사 안전관리 업무 수행 지침의 서식과는 큰 차이는 없지만 좀 더 효율적으로 표현하기 위해 서식을 보완하였다.

설계안전성검토 보고서 작성법-1

NO	해결단계		저감대책 단계					비고
	설계단계	시공단계	제거	대체	기술적 제어	관리적 통제	개인보호구	-
A-01	○		○					

> **해결단계**: 위험성을 어떤 단계에서 해결하는지를 나타낸다. 현재 표는 설계, 시공 2가지 단계로 나누어 졌지만, 건물 완공 후에도 안전사고가 발생한다는 것을 감안할 때, 완공단계, 유지보수 단계 추가를 고려해야 한다. (우선은 설계안전성 검토 업무매뉴얼을 따른다.)

저감대책 단계: HOC의 원칙에 따라 저감대책을 구별한다.

비고: 비고내용을 작성한다. 예를 들어 위험성 허용 범위에는 들어오는 아이템이지만 설계 완성도 면에서 필요한 조치 등을 추가할 수 있다.

No	공종명	위험요소	위험성					위험요소 저감대책	저감대책 적용 후 위험등급	위험요소 관리주체	위험요소저감대책가정/제3자에 의한 저감대책	잔여 위험요소		
			물적피해(사고결과_사고유발원인)	인적피해	발생빈도	심각성	위험등급					Yes/No	위험요소보유자	안전관리문서
A-01	굴착공사	흙막이 가시설 구조물 Strut 무너짐	흙막이 가시설 무너짐(붕괴)	작업자 깔림 사망	2	4	8	장경간 Strut의 수평 연결재 추가 설계	4	설계자	설치 시 떨어짐 방지 대책 실시	Yes	시공자	반영

위험요소: 위험성을 야기할 수 있는 요소로 평가표를 쉽게 작성하기 위해서는 '위험요소=원인', '위험성=결과'라고 이해하면 된다.

위험성: 위험요소로 인해 발생하는 사고이다. 물적, 인적 피해로 나누어 기록한다. 상황에 따라서는 같은 위험요소에 물적, 인적 피해가 다른 결과로 나타난다. 다른 결과의 피해가 발생하면 각각의 피해에 대한 위험성 저감대책을 수립하고 적용해야 한다.
* 위험등급=발생빈도×심각성: 허용 레벨은 사전에 정한다.

위험요소 저감대책: 수용 가능한 레벨로 위험성을 저감 시키는 대책. 저감대책 대안을 아래 평가표에 따라 평가 후 선정된 대안을 명기한다.
저감대책 적용 후 위험등급: 잔여위험 등급을 평가하여 수용 가능한 레벨인지 아닌지 판단한다.
위험요소 관리주체: 위험요소 관리주체를 선정하여 저감대책 적용을 시행한다.
제3자에 의한 저감대책: 저감대책의 보완이 필요한 경우 제3자에 의한 추가 저감대책을 제안할 수 있다.

잔여위험요소: 잔여위험요소 유무를 Yes/No로 판단하며, 잔존 위험요소 보유자는 잔존 위험요소가 발생할 시기의 담당자를 뜻한다. 그리고 잔존 위험요소에 대해서는 안전관리 문서 등에 문서화하여 다음 단계 관리주체에게 전달하고 확인한다.

첫 번째 행은 매뉴얼에서 추가한 행이다. 해당 DFS 아이템이 어느 단계에서 발생하고 해결되는가를 표기한다. 또한 어떤 HOC 단계의 대책으로 위험성을 해소하는지 간략히 알려준다. 해결단계는 아직 2단계로 나누어져 있어 아쉬움이 있다.

두 번째 행은 DFS 아이템의 위험요소에 대한 설명이다. 위험요소발견 공종과 위험요소의 개요 그리고 위험성 정도를 표기한다. 또한 아래 행의 저감대책 평가를 거쳐 선정된 위험성 저감대책으로 명기하고, 위험 관리주체와 잔여위험에 대한 내용을 보여 준다.

설계안전성 검토 보고서 작성법-2

No		A-01	평가 관점과 주요 목적
위험요소		흙막이 가시설 구조물 Strut 무너짐	· 장경간 Srut이 좌굴되어 흙막이 벽체에 과다 변위 발생하여 무너짐 우려됨
위험성(물적☑ / 인적☑)		흙막이 가시설 무너짐/갈림	· 발생 빈도는 낮으며(전문가 자문), 굴착 깊이가 깊어 무너짐 시 사망사고 발생함 · Strut의 좌굴 문제 개선으로 무너짐 위험요소 개선
대안 1		장경간 Strut의 수평 연결재 추가 설계	
대안 2		어스앵커 공법으로 변경	

> **평가 관점과 주요 목적**: 위험요소와 위험성에 대한 간략한 설명이다. 위험요소 선정 이유와 위험성 저감을 위해 어떤 부분에 중점을 두어야 하는 등의 내용을 명기할 수 있다. 주관적 경험에 의한 편향된 평가를 지양하기 위해 많은 평가기법과 내용을 담고 있는 평가표이지만, 이 단락만큼은 평가자 자신의 주관적 판단의 적정성과 정당성을 설명하는 부분이라고 생각하면 된다.

대안평가	안전관리		미관		기능		기술		비용		시간		환경		총점
가중치	1		1		1		1		1		1		1		
대안 1	설치 시 떨어짐 방지 대책 수립		영향 없음		STRUT 좌굴방지		STRUT 버팀대 좌굴검토		증가 미비		증가 미비		영향 미비		17
	평가	B	평가	A	평가	A	평가	A	평가	B	평가	B	평가	A	
대안 2	어스앵커 시공 안전관리		영향 없음		흙막이 벽체 무너짐 방지		공법 변경에 따른 안전성 검토		개략 20% 증가		개략 25% 증가		부정적 영향 증가(근접 구조물 영향)		14
	평가	B	평가	A	평가	A	평가	A	평가	C	평가	C	평가	C	
평가 : A(3점) - 바람직			B(2점) - 받아들임				C(1점) - 받아들일 수 없음								
결정	대안 1	◎	대안 2		선정된 대안에 대한 위험성 평가 : 빈도(1) X 강도(4) = (4) 허용 수준 만족 여부 : 만족(○), 불만족( )										
서명	설계자		(인)	총괄책임자		(인)									

> **대안 1 & 대안2**: 대안은 특별한 경우를 제외하고 복수의 대안을 제안하는 것을 원칙으로 한다. 그리고 아래 행의 대안별 평가항목에 따라 비교, 평가를 한 후 최선의 대안을 위험요소 저감대책으로 선정한다. 설계 단계에서 적용 가능한 대책은 즉각 적용하고 설계 단계에서 적용 불가능한 대책은 시공 및 유지관리 등 다음 단계 관리자에게 위험요소를 인지시키고 넘긴다.

대안평가: 객관적인 대안 평가를 위해서 안전관리, 미관, (안전)기능, 기술, 비용, 시간, 환경 등 7가지 항목에 걸쳐 평가를 실시한다. 평가를 진행하기 전 평가자는 7가지 항목의 정의를 정확히 알고 진행해야 할 필요가 있다. 한국 언어의 중의성으로 7가지 항목의 구별이 모호해지는 DFS 아이템이 발견되기도 하기 때문이다.

가중치: DFS의 아이템의 위치, 성격, 프로젝트의 특성에 따라 항목별로 대안 가중치를 변경하여 평가할 수 있다. 가중치의 결정은 사전에 발주청/발주자 및 설계자, 평가자들의 협의로 정할 수 있다.

총점: 평가 항목별 점수와 가중치 곱의 전체 합이다. 대안 중 가장 높은 점수의 대안이 위험성 저감대책으로 선정된다.

결정: 위험요소의 저감대책 중 선택된 저감대책을 표시한다. 선정된 저감대책은 적용 후 '선정된 대한에 대한 위험성 평가'(잔여위험성 평가)를 진행한다.

선정된 대안에 대한 위험성 평가: 잔여위험성 평가로 잔여위험이 허용 수준을 만족하는지 여부를 확인한다. 잔여위험성 평가 후에도 허용 수준을 만족하지 못한 위험요소는 위험 관리주체를 변경 후 저감 가능한 단계에서 위험성 저감대책을 다시 마련한다.

첫 번째와 두 번째 행이 위험성 평가의 요약이라면, 세 번째와 네 번째 행은 위험성 저감대책 평가에 관한 내용이다. 복수의 대안들을 제시하여 7가지 항목에 걸쳐 평가 후, 가장 적절한 대안을 선정하고 적용한다. 대안 적용 후에도 잔여위험성이 허용 수준까지 내려오지 않는다면 대안을 변경하거나 중복 대안을 적용시킨다. 잔여위험성이 현 시점(설계단계)에서 저감이 불가능한 경우 위험성 관리주체를 변경하여 저감대책을 마련한다. 또한 대안을 적용함에 따라 부수적인 새로운 위험요소가 발생할 수 있음을 인지하고 위험성 저감대책 평가를 진행해야 한다.

OO문화 및 집회시설 설계안전성 검토보고서(적용 사례)

1) 보고서 목적과 선정 이유

'설계안전성검토 업무매뉴얼'을 실제 프로젝트에 적용하여 설계안전성검토 업무를 수행하기로 한다. 매뉴얼에서는 설계안전성검토의 시기를 설계도면과 시방서, 내역서, 구조 및 수리계산서가 완료되는 시점 즉, 실시설계 80% 시기에 시행을 추천하였다. 하지만 본 사례는 실제 설계안전성검토 보고서 제출용이 아닌 사례로 기본설계 단계에서 설계안전성검토 업무를 실행하였다. 그리고 기본설계에서 설계 변경이 필요한 아이템이 발견될 가능성도 있다고 판단하고 실시설계 이전에 사전 설계안전성검토 형식으로 보고서를 작성하였다. 또한 파일럿 프로젝트로 행하는 설계안전성검토 보고서이기에 보고서를 재평가하는 입장에서 '비평'을 추가하였다.

2) 보고서 진행 방향

① 설계 담당자 인터뷰

설계안전성검토는 설계자가 직접 진행하는 것이 옳다. 하지만 현재는 설계안전성검토에 대한 지식 및 경험이 부족하기에 DFS팀에서 검토보고서를 작성하기로 하였다. 기본설계 단계의 프로젝트로 실시설계가 아직 진행되지 않았기 때문에 우선적으로 기본설계 도서 검토를 먼저 진행하였다. 그리고 실제 설계진행 상황과 앞으로 변경될 부분은 설계 담당자와의 인터뷰를 통해서 파악했다. DFS팀은 인터뷰와 브레인스토밍을 통해 설계안전성검토 아이템을 선정하였다.

② 설계안전성검토 보고서 서식 적용

설계안전성검토 시범 보고서는 '설계안전성검토 업무매뉴얼'의 서식과 예시를 따라 작성하였다. 또한 설계안전성검토 분야가 아직은 초기이고 매뉴얼도 법적 효력이 없기 때문에 서식을 적용하면서 불합리한 점과 보완할 점을 동시에 찾아보기로 하였다.

③ 위험성 평가(Risk Assessment) 기준 마련

위험요소의 다양성을 좀 더 보고서에 표현하기 위해서 지침의 3x3 매트릭스보다는 매뉴얼에서 추천한 5x5 매트릭스를 위험성 평가에 적용하였다.

DFS팀은 '사전회의'를 거쳐 심각성은 물적 피해와 인적 피해 두 가지로 나누어 5단계로 구별하였다. 발생빈도도 5단계로 구별하였으며 각 단계의 레벨을 기준으로 하여 위험성 평가를 진행하였다.

심각성 기준(물적 피해)

5	붕　　괴	건물이 붕괴 또는 사용이 불가능할 정도의 피해
4	접근금지	주요 구조부의 피해로 피해가 복구될 때까지 건물 사용 금지
3	수리필요	주요 구조부 외의 피해로 인한 수리 및 재시공
2	파손교체	설비 및 장비 파손으로 교체
1	간단조치	유리, 문 교환 등의 간단 조치

심각성 기준(인적 피해)

5	다수사망	다수 인원 사망 또는 일반 사망
4	사　　망	사건 사례가 많은 사망 사고
3	장기부상	장기 부상을 야기하는 사고
2	단기부상	단기 부상을 야기하는 사고
1	응급처치	응급처치 가능한 사고

발생빈도 기준

5	빈번함	빈번하게 발생하는 경우
4	반복적	반복적이며 정규적으로 발생하는 경우
3	높은 발생 가능성	사건 사례가 있으며 발생 가능성이 높은 경우

2	낮은 발생 가능성	사건 사례는 있지만 발생 가능성은 낮은 경우
1	발생 가능성 없음	발생 가능성이 거의 없는 경우

위험성 수용범위

발생빈도 심각성		1 발생 가능성 없음	2 낮은 발생 가능성	3 높은 발생 가능성	4 반복적 발생	5 빈번한 발생
1	응급처치	1	2	3	4	5
2	단기부상	2	4	6	8	10
3	장기부상	3	6	9	12	15
4	사 망	4	8	12	16	20
5	다수사망	5	10	15	20	25

1~2	Low: 대책 필요 없음
3~5	Medium-Low: 위험 레벨 수용 가능
6~9	Medium: 위험 레벨 수용 고려(가능한 저감대책 확인)
10~15	Medium-High: 위험 레벨 선택적 수용 가능(저감대책 고려)
16~25	High: 위험성 제거 필요(저감대책 적용)

* 비평(1): 상기 '위험성 평가 기준'과 '위험성 수용범위'는 보고서 작성 당시 DFS팀이 마련한 기준이었다. 결론적으로 평가하자면 위험성 평가 수위 결정에 실수가 있었다. 기존 3x3의 3분할이 Low, Medium, High라면 이를 기준으로 세분화하여 5분할을 만들었어야 한다. 즉, Low, Medium-Low, Medium, Medium-High, High로 되어야 한다는 말이다. 물론, 보고서 표기는 위와 같이하였다. 하지만 실제로 기준 내용을 살펴보자면 Low, Medium,

High + More High + Very High 형태로 결정하였다.

때문에 실제로 더 위험한 아이템이 Medium 평가를 받고 선택적으로 대안선택이 필요한 위험성 정도로 평가되었다.

따라서 향후 보고서의 기준은 다음과 같은 내용으로 변경하기를 제안한다.

심각성 기준 제안(물적 피해)

5	건물시스템 중지/붕괴	건물이 붕괴 또는 사용이 불가능할 정도의 피해
4	주요 구조부 붕괴	건물의 주요 구조부 붕괴 또는 건물 폐쇄(일시적)
3	서브 구조부 붕괴	경미한 구조부 파손 도는 붕괴
2	기기, 기구 파손	중요치 않은 기구 또는 장치 파손
1	간단조치	유리, 문 교환 등의 간단 조치 또는 가벼운 시스템 오류

심각성 기준 제안(인적 피해)

5	사망 사고	1명 또는 다수의 사망자 사고
4	장애 및 질병 유발	장애를 유발하는 부상 또는 질병 사고
3	병원 치료(휴직)	병원 치료 및 휴직 등이 요구되는 사고
2	경미한 사고	경미한 부상으로 통원치료 필요(업무에는 지장 없는 사고)
1	응급처치	가벼운 상처 등 응급처치 수준의 사고

발생빈도 기준

5	발생 빈번함	반복하여 빈번하게 발생하는 경우
4	발생 가능성 높음	여러 번에 걸쳐 반복적으로 발생할 수 있는 경우

3	발생 가능성 보통	사례가 있으며 간헐적으로 발생할 수 있는 경우
2	발생 가능성 낮음	사건 사례는 있지만 발생 가능성은 낮은 경우
1	발생 가능성 거의 없음	발생 가능성이 거의 없지만 건물 수명 중 1회 발생 가능한 사고

위험성 수용범위

심각성 \ 발생빈도		1 발생 가능성 없음	2 발생 가능성 낮음	3 발생 가능성 보통	4 발생 가능성 높음	5 발생 빈번함
1	응급처치	1	2	3	4	5
2	단기부상	2	4	6	8	10
3	장기부상	3	6	9	12	15
4	사 망	4	8	12	16	20
5	다수사망	5	10	15	20	25

1~2	Low: 대책 필요 없음
3~5	Acceptable: 위험성 레벨 수용 가능 (가능한 대책 확인)
6~9	Medium: 위험성 레벨 선택적 수용 (상황별 대책 필요)
10~15	Serious: 위험성 레벨 저감 필요 (저감대책 필요)
16~25	High: 위험성 수용하지 못함 (위험성 제거 필요)

3) 설계안전성검토 아이템 분석

브레인스토밍 회의를 거쳐 전체 38개의 설계안전성검토 아이템이 선정되었다. 기본설계 이전단계의 도면이기 때문에 분야별 시스템 부분은 정확히 파악할 수 없었고 가장 큰 위험요소라고 판단된, 후면부분 Sunken은 삭제 또는 수정 예정이라고 확인되었다. 때문에 선정된 아이템 자체는 설계안전성검토 아이템의 좋은 예라고 볼 수는 없다. 하지만 설계안전성검토 보고서 작성절차를 이해하기 위해서 도출된 아이템 중 일부를 가지고 아이템 분석을 알아보기로 한다.

① 설계안전성검토 아이템 예시 1
- 지붕 유지보수 중 작업자 추락 위험

본 프로젝트의 가장 큰 특징이자 건축적 미의 중심은 과감한 형태로 설계된 지붕이라고 볼 수 있었다. 비정형 각도와 과장된 기울기로 틀어진 과감한 지붕디자인은 안전에 취약한 위험요소를 내포하고 있다. 건축적 美를 살리기 위해서 배제된 안전난간과 같은 안전장치는 유지보수단계에서 장기적 위험요소가 된다. 때문에 DFS 아이템으로 선정하였다.

지붕 유지보수 중 작업자 추락 위험성 평가표

NO	해결단계		저감대책단계					비고						
	설계단계	시공단계	제거	대체	기술적 제어	관리적 통제	개인보호구							
A-09	○		○											

NO	공종명	위험요소	위험성					위험요소저감대책	저감대책적용후위험등급	위험요소관리주체	위험요소저감대책가정/제3자에의한저감대책	잔여위험요소		
			물적피해(사고결과_사고유발원인)	인적피해	발생빈도	심각성	위험등급					Yes/No	위험요소보유자	안전관리문서
A-09	시설물유지관리	지붕 유지 보수 중 작업자 추락 위험이 있음	-	떨어짐	3	5	15	1.추락방지시설 2.파라펫설치	6	설계자	유지보수중 매뉴얼 준수	Yes	관리자	반영

NO		A-09		평가 관점과 주요 목적						
위험요소		지붕 유지보수중 작업자 추락위험		지붕 유지 보수시 안전을 위한 라이프 라인과 앵커포인트를 설치하여 작업자의 추락을 방지하여야 함						
위험성(물적□ / 인적☑)		떨어짐								
	대안1	추락 방지시설 설치(라이프 라인 및 앵커포인트)								
	대안2	파라펫 또는 가드레일 설치								

대안평가	안전관리		미관		기능		기술		비용		시간		환경		총점
가중치	1		1		1		1		1		1		1		
대안1	지붕유지보수시 추락위험 방지		영향 미비		추락위험 감소		추락방지망 설치		비용증가		영향 미비		영향 미비		20
	평가	A	평가	A	평가	B	평가	A	평가	A	평가	A	평가	A	
대안2	지붕유지보수시 추락위험 방지		지붕 형태 변경		추락위험 감소		파라펫 및 가드레일 설치		비용증가		영향 미비		영향 미비		17
	평가	C	평가	A	평가	A	평가	B	평가	B	평가	A	평가	A	

평가 : A(3점) - 바람직 3(2점) - 받아들임 C(1점) - 받아들일 수 없음						
결정	대안1	◎	대안2		선정된 대안에 대한 위험성 평가 : 빈도(3) X 강도(2) = (6) 허용 수준 만족 여부 : 만족(○), 불만족( )	
서명	설계자		(인)	총괄책임자	(인)	

주요위험요소: 유지보수 중 작업자 추락 위험

피해유형: 인적 피해 떨어짐

위험등급: 발생빈도(3) x 심각성(5) = 15

떨어짐 사고가 발생하였을 때 심각한 피해가 야기되지만 유지보수 발생빈도 자체가 빈번하지 않을 것으로 판단하여 위험등급 15를 받았고 이는 보고서 작성하기 전 사전에 결정한 위험요소 수용범위에서 선택적 저감대책 적용범위(Medium-High)이다. 하지만 앞서 언급한 *비평(1)을 참고하면 수용범위 자체가 잘못되었다는 것을 알 수 있다. 따라서 *비평(1)에서 제안한 새로운 위험요소 수용범위로 한다면 '선택적 저감대책 적용범위'가 아니라 '위험요소 저감대책이 필요(Serious)한 아이템'이다.

저감대책: 1. 추락방지 시설 (선택)

     2. 안전난간 설치

저감대책 선정 주요 이유: 건축 외관에 큰 영향을 미치는 '미관' 평가와 '기술', '비용' 평가의 결과에 따라 추락방지 시설이 선정이 되었다.

대안 검토결과 개인보호장구(PPE)를 연결할 수 있는 안전장치인 앵커포인트 설치로 대안이 결정되었다. 굉장히 소극적이고 추천하지 않는 대안이지만, 건축설계의 주요 컨셉인 지붕 형태를 변경할 수 없기에 불가피한 선택이었다. 또한 유지보수 발생 자체가 그리 많지 않다고 판단하였기에 앵커 포인트를 통한 추락방지시스템 보완으로 충분히 위험성이 감소된다고 판단하였다.

*비평(2): '안전난간 설치' 대안이 과연 차선책이고 '추락방지 시설'이 과연 최선책인지 다시 한번 생각해 볼 필요가 있다. 설계팀과의 이견을 최소화하기 위해 '추락방지 시설'을 최선책으로 사전에 정하고 비교 대안을 평가했는가 다시 한번 돌아볼 필요가 있다. 대안평가는 때로는 평가자의 경험과 지식을 바탕으로 한 주관적 평가가 이루어질 수도 있다. 하지만

보고서를 위한 보고서를 작성하듯이 사전에 대안을 정해 놓고 탈락시키기 위해 대안 평가를 하는 것은 지양해야 한다. 이번 아이템은 설계진행에 따라 재평가를 할 필요가 있다고 판단된다.

② 설계안전성검토 아이템 예시 2

- (화재 시) 협소한 피난통로 위험

가장 논란이 된 아이템이었다. 과연 설계안전성 검토가 설계의 어느 정도까지 영향력을 미칠 수 있으며 어느 정도까지 설계변경을 제안할 수 있는가에 대한 논란이 있었던 아이템이었다.

협소한 피난통로 위험성 평가표

NO	해결단계		저감대책단계					비고							
	설계단계	시공단계	제거	대체	기술적 제어	관리적 통제	개인보호구								
A-17	○			○											

NO	공종명	위험요소	위험성					위험요소저감대책	저감대책적용후위험등급	위험요소관리주체	위험요소가정/제3자에의한저감대책	잔여위험요소		
			물적피해(사고결과_사고유발원인)	인적피해	발생빈도	심각성	위험등급					Yes/No	위험요소보유자	안전관리문서
A-17	건축종합설계	피난 통로	-	피난 또는 다수 인원 밀집시 부상 및 사망 사고	2	5	10	주계단 설계변경(시 여확보 및 계단폭 확장, 피난동선 단순화)-시인성 확보	5	설계자	피난안전통제	Yes	관리자	반영

NO		A-17				평가 관점과 주요 목적				
위험요소		계단통행량을 고려하지 않은 디자인		피난을 위한 계단의 인지성과 군중의 병목현상을 고려하고						
위험성(물적□/ 인적☑)		넘어짐 및 사망		계단을 통해 많은 관중이 한꺼번에 몰릴 상황을 대비한 설계 필요						
	대안1		피난동선 단순화, 계단폭 확장으로 다수의 피난하는 관람객 수용가능 및 오픈 계단을 통한 시인성 확보							
	대안2		현재 디자인 유지(싸인 시스템 확장)							

대안평가	안전관리		미관		기능		기술		비용		시간		환경		총점
가중치	1		1		1		1		1		1		1		
대안1	인지성 확보, 피난동선 긴소화 및 병목현상 해소		주계단 상징성 확보		층간방화 사항 고려		층간방화 완화를 위한 법적 근거 제시		비용 증가		영향 미비		시야 확보 및 로비 쾌적성 증가		19
	평가	A	평가	A	평가	B	평가	B	평가	A	평가	A	평가	A	
대안2	병목현상증가,피난동선 인지성 저하		주계단 상징성 미흡		층간방화 효과 향상		영향 없음		영향 미비		영향 미비		로비공간 협소		17
	평가	C	평가	B	평가	A	평가	A	평가	A	평가	A	평가	B	
평가 : A(3점) - 바람직 B(2점) - 받아들임 C(1점) - 받아들일 수 없음														
결정	대안1	◎	대안2		선정된 대안에 대한 위험성 평가 : 빈도(1) X 강도(5) = (5) 허용 수준 만족 여부 : 만족(○), 불만족(　)									
서명	설계자			(인)	총괄책임자				(인)					

주요위험요소: 피난통로 협소

피해유형: 피난 또는 다수 인원 밀집 이동 시 부상 및 사망 사고

위험등급: 발생빈도(5) x 심각성(2) = 10

경기가 끝나고 다수의 관중이 퇴장할 때마다 병목현상이 발생하고 사고 위험이 있다고 판단되었다. 따라서 발생빈도는 5이며 심각성은 단기부상을 야기하는 2로 평가하였다. 그러므로 위험등급은 10으로 Medium 단계에 해당한다.

저감대책: 1. 피난 동선 간소화 및 확장 그리고 오픈 계단 확보(선택)
     2. 계단 일부 확장 및 안내판 시스템 적용

저감대책 선정 주요 이유: 대안평가는 두 가지가 동점이 나왔다. 그렇기 때문에 이 대안의 평가에는 일반적인 사항(경기 후 관중 퇴장)이 아닌 비상상황(화재발생 시 대피)을 고려하여 안전관리 평가 항목에 가중치를 두었다. 따라서 저감대책 대안1이 선정되었다.

이번 사례의 경우 대안1과 대안2 평가 점수는 18점으로 동점이 나왔다. 하지만 일반적인 상황(경기 후 병목현상) 이외에 비상상황(화재 등)에도 고려해야 할 필요가 있는 아이템이었다. 피난동선을 간소화하기 위해 설계변경을 해야 할 대안1의 경우, 비상시 안전관리가 더 용이하다고 판단되었고, 피난동선을 간소화하지 않고 통로폭만 변경시키는 대안2의 경우는 비상시에 문제가 발생할 것이라고 판단하였다. 따라서 '안전관리' 항목의 가중치를 높게 설정하여 대안1을 저감대책으로 결정하였다. 전반적인 설계변경이 필요하지만 비상시 위험관리에 대한 고려를 하지 않을 수 없는 아이템이라 위와 같이 결정하였다.

이처럼 저감대책 대안평가를 실시할 때, 상황에 따라 가중치를 두어 평가할 수도 있다. 또한 화재처럼 한번 발생하면 다수의 피해를 야기할 수 있는 상황은 발생빈도가 낮아도 반드시 고려해야 한다.

비평(3): 선정된 대안1은 기본설계 단계에서는 적용이 되지 않았다. 출입구 전반에 대한 설계변경과 방화구획의 문제로 설계팀에서 대안1을 수용하지 않았기 때문이다. 또한 발주처에서도 대안1의 적용을 선호하지 않는다고 하였다. 물론, 설계안전성검토의 위험성 수용 레벨 및 대안적용 최종결정은 전적으로 발주청의 판단이지만 대공간에서의 피난처럼

위험성 평가에 큰 영향력을 주는 아이템은 설계에서 먼저 위험성 수용레벨과 대안을 먼저 발주처에 제안하는 것도 좋다고 본다. 또한 설계안전성 검토 제도의 실효성을 위해서 이 아이템처럼 설계변경의 필요성이 있다고 판단되는 사항은 설계변경을 제안할 수 있는 강제성을 주는 장치가 필요하다고 본다.

설계변경의 범위가 큰 아이템일수록 초기에 도출하고 평가하고 변경하는 것이 설계업무량을 줄이고 완성도 또한 높일 수 있기 때문이다. 설계 초기에 이런 아이템을 놓치지 않기 위해서 설계 Criteria, Check-list, Case Study 분석이 설계안전성검토에서 가장 중요한 시작점이다.

4) 설계안전성 검토보고서 평가 및 결론

① 보고서 접근방식 평가

설계 초기단계 프로젝트로 설계 진행에 따라 많은 설계변경사항이 예상되었다. 실제로 보고서 검토 기간 중에도 Sunken 축소, 서비스 동선 설치 등 설계안전성검토 아이템으로 선정된 몇몇 아이템이 변경 또는 제거되었다.

또한 전체적인 시스템, 자재, 구조 등도 확정되지 않아 설계안전성검토 위험성 평가에 어려움이 있었다. 하지만 피난동선 변경 등 초기단계에서는 설계변경의 부담이 없지만 실시설계 단계에서는 변경이 어려운 아이템이 있는 것을 감안한다면 1차 설계안전성검토를 기본설계 단계에서 시행하는 것이 좋다고 판단된다.

② 보고서 보완사항

한국시설안전공단의 설계안전성검토 업무매뉴얼을 참고하여 보고서를 작성하였는데, 아직은 초기단계 매뉴얼로 중의적 의미의 단어가 많이 포함되어 있었으며 설계보다는 시공에 초점이 맞춰진 부분도 있었다. 따라서 앞으로 설계안전성검토 보고서가 어떤 방향으로 개선될지 주목할 필요가 있으며 가능하면 타사에서 수행한 설계안전성검토 보고서를 사례 수집하여 분석해야 할 것이다.

PART

IV

시공 및 유지보수단계의 DFS

사고는 우연이 아니라
숨겨진 필연 속에서 발생한다.

'하필이면 그때',
'우연히도 거기서',
'그날따라 괜히' 등
사고는 우연이라고 한다.
하지만 사고는
숨겨진 필연 속에서 발생한다.

01

시공단계의 DFS

설계단계뿐만 아니라 시공 그리고 유지보수(완공 후 사용)단계도 위험성 평가 원리 및 방식은 동일하다. 행위주체가 다르고 업무가 다를 뿐이다. 업무주체와 업무내용이 다르기 때문에 설계자가 설계단계 시 타 단계에서 어느 부분이 취약하고 어느 시기가 위험요소가 많이 발생하는지 파악하기는 어렵다. 따라서 이 장에서는 참고자료와 사례를 기준으로 풀어가겠다.

시공단계의 DFS

안전보건공단의 '건설 중대재해 사례와 대책(2017.5)'에 따르면 2016년 업종별 재해 중 건설업이 총 재해자수 90,656명 중, 26,570명 약 29.3%를 기록하는 불명예를 안았다. 2016년 뿐만 아니라 건설업 재해발생률은 1970년대에 대한민국이 경제발전의 깃발을 올린 이래 지속적으로 상위권을 기록하였다.

업종별 재해현황*

(단위 : 명)

구 분	재해자수	점유율	사고 부상자	사고 사망자	질병 이환자	질병 사망자	그외사고 사망자
계	90,656	100.0%	81,548	969	7,068	808	263
금융및보험업	285	0.3%	249	2	24	7	3
광 업	1,534	1.7%	145	15	1,019	349	6
제조업	26,142	28.8%	22,846	232	2,816	176	72
전기·가스·증기 및수도사업	103	0.1%	92	–	6	3	2
건설업	26,570	29.3%	25,114	499	814	55	88
운수·창고 및 통신업	4,114	4.5%	3,672	82	302	47	11
임 업	1,444	1.6%	1,384	9	40	4	7
어 업	43	0.05%	38	–	4	–	1
농 업	729	0.8%	697	3	27	1	1
기타의사업	29,692	32.8%	27,311	127	2,016	166	72

보고서에 따라, 2016년 10월에서 12월로 좀 더 범위를 좁히고 건설재해, 사망재해, 원인 분석으로 들어가 본다면, 총 사망자수 139명 중 74.1%인 103명이 건축공사 중 사고로 사망하였다.

이 중, '기타 건축'과 '소규모 주택/상가'의 사고가 60명으로 건축공사 사고의 과반 이상을 차지하고 있다. 이 수치는 3억 미만 영세규모 현장사고가 42명으로 가장 높은 수치를 나타내는 것과 연결되기도 한다.

* 출처: 2016년 4분기 건설중대 재해 사례와 대책 - 2017.5. 한국산업안전보건공단

안전설계의 첫걸음

100

공사종류별 발생현황(2016년 10~12월)*

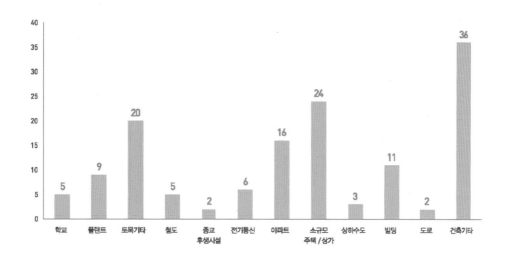

(단위 : 명)

구 분	계	건 축 공 사							토 목 공 사					전기 정보 통신 공사
		아파트	공장	빌딩	소규모 주택 상가	종교 후생	학교	건축 기타	도로/ 철도	상하 수도	하천	택지	토목 기타	
사망자수 (명)	139	16	9	11	24	2	5	36	7	3	–	–	20	6
점유율 (%)	100	11.5	6.5	7.9	17.3	1.4	3.6	25.9	5	2.1	–	–	14.4	4.3

* 출처: 2016년 4분기 건설중대 재해 사례와 대책 - 2017. 5. 한국산업안전보건공단

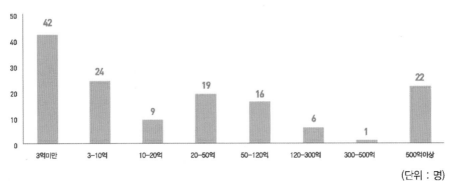

공사금액별 발생현황(2016년 10~12월) *

(단위 : 명)

구 분	계	3억원 미만	3-10억원	10-20억원	20-50억원	50-120억원	120-300억원	300-500억원	500억원 이상
사망자수	139	42	24	9	19	16	6	1	22
점유율(%)	100	30.2	17.3	6.5	13.7	11.5	4.3	0.7	15.8

형태별 사고 유형으로는 떨어짐이 58.3%(81명)을 차지해 가장 많이 발생하였고 맞음, 부딪힘, 깔림, 무너짐 순으로 발생하였다.

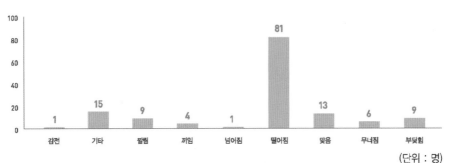

형태별 발생현황(2016년 10~12월)**

(단위 : 명)

구 분	계	떨어짐	무너짐	넘어짐	끼임	맞음	부딪힘	깔림	감전	기타
사망자수	139	81	6	1	4	13	9	9	1	15
점유율(%)	100	58.3	6	0.7	2.9	9.4	6.5	6.5	0.7	

* 　출처: 2016년 4분기 건설중대 재해 사례와 대책 - 2017.5. 한국산업안전보건공단

** 　출처: 2016년 4분기 건설중대 재해 사례와 대책 - 2017.5. 한국산업안전보건공단

안전설계의 첫걸음

이 보고서 내용을 참조하여 사망사고가 가장 많이 발생한 떨어짐 사고, 작업자의 실수로 인한 사고, 그리고 소규모 현장사고 세 가지 유형으로 시공단계의 DFS를 이야기를 풀어가 겠다. 물론 세 가지 사고 유형이 같은 위계의 유형 구별은 아니지만 충분히 DFS의 필요성 과 원리는 설명이 가능하다고 판단된다.

1) 사고 유형 - 떨어짐

인명피해가 발생한다는 것은 어떤 원인으로 인해 발생한 힘(에너지)이 인간에게 충격을 가해 발생한다고 설명할 수 있다. 예를 들어 떨어짐은 떨어짐(추락)으로 인해 발생한 추락 에너지(힘)가 인간(작업자)에게 충격을 가해 피해를 주는 것이다.

이렇게 설명하는 이유는 위험성을 효율적으로 저감시키는 '인자'가 무엇인지 쉽게 알아보 기 위해서이다. 결론을 내리자면 인간에게 가해지는 충격을 최소화하여 위험성을 감소시 키는 것이 사망/부상 재해를 감소시킬 수 있다는 것이다.

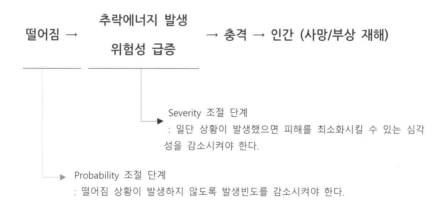

그렇다면 충격을 최소화하는 방법은 무엇이 있을까? 우선 추락에너지를 감소시켜 심각성 을 최소화하는 방안을 택하거나 또는 처음부터 떨어짐, 즉 추락 상황이 발생하지 않도록 발생빈도를 조절하는 방안 두 가지로 나눠 볼 수 있다.

모든 사례에 절대적으로 적용되는 것은 아니지만 시공단계의 DFS는 추락에너지를 감소시키는 것이고 설계단계 DFS는 추락상황을 회피하는 것이라고 볼 수 있다.

단계별 저감대책 방향 1

단계	저감대책 방향
설계	Probability(발생빈도)를 조절함으로 Risk(위험성)를 회피함
시공	Severity(심각성)를 조절함으로 Risk(위험성)를 감소시킴

당연히 발생빈도와 심각성 두 가지만 비교한다면, 처음부터 상황을 회피하도록 유도하는 발생빈도 조절이 가장 최선안으로 보일 수 있다. 하지만 시공단계의 특수성 때문에 발생빈도를 조절하는 저감대책을 적용하기 어려운 경우가 많다.

예를 들어 '추락 위험이 있는 공간'의 경우, 설계단계에서는 공간제거 또는 최소화, 영구 가드레일 계획 등으로 추락 발생 가능성을 낮추는 저감대책을 수립하기 용이하다.

그러나 시공 단계는 설계한 것을 실현하는 중간단계이기에 영구 가드레일을 설치할 수도 없고, '추락 위험이 있는 공간'을 임의로 제거하거나 회피할 수 없다. 따라서 임시 저감대책의 성격으로 심각성을 낮추는 방법을 선택해야 한다.

① 바닥개구부 추락방지막 사례

개구부 추락은 전체 추락재해의 과반 이상을 차지한다. 따라서 시공 중 항상 주의를 깊게 살펴야 하는 항목이다.

다음은 바닥 개구부 추락을 방지하는 저감대책 중 하나이다. 임시 가드레일 설치 등으로 작업의 거슬림도 방지하고 바닥 타설과 동시에 철망을 설치하고 층간 작업 종료 후 철망만 끊어 내는 방식이다. 단순하고 간단한 방법이지만 시공 중 개구부 추락사고를 방지할 수 있다.

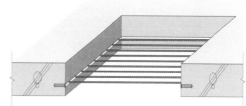

개구부에 추락 방지망을 선시공하여
추락방지위험 제거할 수 있음

② 계단 가드레일 설치 사례

시공 중 DFS가 항상 심각성을 조절하는 것은 아니다. 다음 사례는 심각성보다 발생빈도를 조절하여 위험성을 낮춘 저감대책의 예이다. 추락사고 및 미끄러짐 사고가 많이 발생하는 곳이 계단공사이다. 계단공사 시 임시안전 난간과 최종마감 난간을 따로 시공하여 효율성도 떨어지며 공기도 길어진다. 공사의 효율성과 공기가 떨어진다는 것은 그만큼의 작업 시간이 더 든다는 뜻이 된다. 시간이 더 든다는 것은 그만큼 위험요소에 더 노출된다는 말이다.

다시 말해 '발생빈도가 높다.'라고 해석된다. 따라서 계단공사의 효율성을 높이고 공기를 줄이기 위해서 안전난간과 마감난간으로 동시에 설치할 수 있는 소켓을 미리 설치하여 안전난간의 안전성을 확보하고 마감난간 설치시간도 줄여 줄 수 있다. 이는 추락에너지를 줄이는 것이 아닌, 공기의 효율성을 높여 위험에 노출되는 발생빈도를 줄이는 저감대책의 예이다.

계단 가드레일 설치

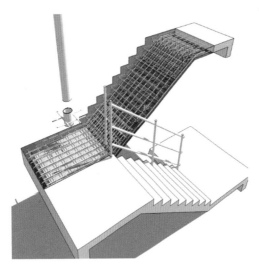
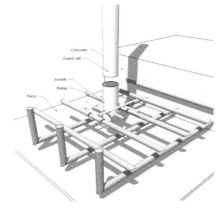

계단 가드레일에 소켓을 선시공하여
(임시)가드레일을 손쉽게 설치할 수 있음

2) 사고 유형 - 인간의 실수(익숙함의 망각)

설계와는 다르게 시공단계에서는 위험요소(Hazard)에서 오는 위험성(Risk) 외에 인간의
실수(Human Error)에서 오는 위험성(Risk)이 상당 부분 차지한다.

여러 가지 Human Error가 존재하지만 가장 큰 요인은 바로 '익숙함'이다. 익숙함은 일의
능률과 작업효율에 탁월한 효과를 가져오지만, 반대로 위험요소에 대한 망각을 동시에 불
러온다. 대부분의 Human Error로 발생한 사고의 원인이 '익숙함이 부르는 위험요소 망각'
에 기인하고 있다.

따라서 익숙함 속에서도 위험요소를 항상 인지할 수 있는 시공계획과 시공 Check-list가 준
비되어야 한다. 전문적인 시공계획 및 Check-list는 EHS 분야의 CoHE 또는 Log-out/Tag-
out 방식을 참조하는 것을 제안한다.

EHS는 Environment, Health and Safety의 약자로 안전(Safety)을 기준으로 (근무) 환경과
(작업자) 건강을 제어하는 일련의 업무를 뜻한다.

DFS가 건축/건설설계 및 시공분야에 전문성을 지닌 안전성검토 업무라면, EHS는 공장시
설, 화학시설뿐만 아니라 원자력시설 등 산업 전반의 안전성검토에 관련한 업무이다. EHS

는 DFS와 상당 부분 교집합이 있으며 더 많은 양의 업무가 포함되어 있지만 종속관계는 아니다.

CoHE(위험에너지 제어방식 Control of Hazardous Energy)와 Log-out/Tag-out는 EHS업무의 안전장치를 고안하는 데 많이 쓰이는 방식으로, 이를 건설공사와 잘 접목시킨다면 효율적인 시공 Check-list가 탄생할 것으로 기대된다. 자세한 EHS, CoHE와 Log-out/Tag-out은 다음 장에서 좀 더 알아보기로 하자.

3) 사고 유형 - 소규모 현장 사고

앞서도 언급했지만 건설재해의 과반 이상이 소규모 주택/상가공사 및 기타공사에서 발생하고 이 중에서도 3억 미만의 영세규모 현장이 사고의 30.2%를 차지한다. 공사금액 10억 미만의 사고로 범위를 넓히면 47.5로 전체 사고의 절반 가까이 차지한다.

이처럼 소규모 주택/상가 및 영세규모 현장에서 사고가 가장 많은 비율을 차지하는 이유는 첫째로 소규모 현장은 단기간에 다수의 현장들이 동시 진행되기 때문이다. 예를 들어 지붕공사의 경우 3억 원 미만의 영세 소규모 현장이 전체의 82%를 차지할 만큼 많다.

두 번째로 다수의 현장이 존재하다 보니 재해예방기관 등 관계기관의 기술지원 및 관리·감독이 제대로 미치지 않고 있다는 것이다. 이와 같이 열악하고 특수한 여건 및 환경에 있는 영세 소규모 현장이 다수다 보니 일반적 안전기준 및 안전규정을 적용하여 추락 등 재해를 예방하는 데 한계가 있기 때문에 많은 사고가 발생한다.

지붕 관련 건설재해 중 3억 미만 영세 소규모 공사에서 66%가 발생한다. 또한 소규모 공사이다 보니 지붕작업장의 높이가 3~10m 구간에서 69% 집중적으로 추락사고가 발생한다. 원인을 따져본다면 안전방망 설치 높이 규정이 10m이므로 굳이 공사비를 추가하여 안전방망을 설치하는 현장은 극히 드물다는 것이 첫째 이유이다. 그리고 개인 추락방지장비(PPE)를 고정시킬 수 있는 안전대(앵커포인트)가 없는 곳이 다수인 것이 두 번째 이유이다.

이곳에 DFS를 적용하여 위험성 저감대책을 제안한다면(안전방망 설치 높이 규정이 개정되지 않는 한) 작업자 추락방지장비를 고정시킬 안전대(앵커포인트)를 설치하는 것을 제안한다.

지붕 안전라인 설치

지붕 최상단의 용마루 부위에 수평방향으로 수평지지대(안전대 부착/고정 설비)를 건설공사 도면/시방서 등 본 설계에 반영하여, 지붕구조물에 가설구조로 하지 않고 본구조체로 설치하여 향후 지붕 위에서 점검, 보수, 지붕재 교체 등 각종 유지관리 시 안전대 부착 설비를 이용함으로써 추락사고 재해 위험성을 저감시킬 수 있다.

이처럼 영세 소규모 현장처럼 법적 안전장치의 사각지대에 빠진 경우 간단한 설계단계의 DFS로 위험성을 제거할 수 있다. 또한 영세 소규모 현장의 DFS는 저감대책 HOC 중 관리적 통계와 개인보호장비 단계로 선택 가능하다. (일반적으로 설계단계의 DFS 저감대책은 HOC에서 제거, 대체 및 기술적 제어단계를 택하도록 제안한다.)

02

유지/보수 및
완공 후 단계의 DFS

유지/보수 및 완공 후 단계의 DFS

유지/보수 또는 완공 후 단계로 부르는 이 단계는 DFS의 성격이 조금 달라진다. 이전 단계의 DFS가 논리적이고 합리적 접근으로 위험성 평가를 한다면 완공 후 단계는 DFS 업무 담당자의 상상력이 필요한 단계이다. 그것도 최악의 경우들을 산정하는 나쁜 상상력이 필요하다.

호메로스의 《일리아스》에서 '카산드라'라는 인물은 자신의 조국 트로이의 폐망을 예언한 공주다. 이후로 카산드라처럼 최악의 경우를 상상하고 예언하는 사람은 어느 시대 어느 장소에서든 거부감을 느끼게 만드는 사람으로 평가되었다.

하지만 완공 후 단계의 DFS에서는 최악의 상황을 잘 설정하고 상상하여 분석하는 것이 가장 중요하다. 그러나 상상력은 언제나 한계가 있으며 부정적인 상상력은 객관적 판단을 흐리게 하는 원인이 되기도 한다. 또한 목적과 관계없는 상상력은 오히려 잘못된 상황과 위험성을 파악하고 분석하는 데 시간을 허비하게 된다.

그렇기 때문에 방향성 없고 소모적인 상상을 방지하기 위해서 사례분석(Case Study)이 항상 병행되어야 한다. DFS 업무에 있어서 끊임없는 Data Base 구축과 확장을 지속해야 하는 이유이기도 하다.

다음 몇 가지 사례를 통해 유지/보수 및 완공 후 단계에서의 DFS에 대해서 알아보기로 하자.

1) 판교 환풍구 붕괴 추락사고 사례

① 사고 개요

판교 환풍구 붕괴사고는 2014년 10월 17일 경기도 성남시 분당구 삼평동 판교테크노밸리의 야외 공터에 기획된 공연을 관람하던 관람객 중 일부가 인근 환풍구 덮개로 올라가 관람하던 중 환풍구 덮개가 무너져 추락한 사고이다.

판교 환풍구 붕괴 추락사고 현장

② 사고 피해

공연을 보던 관람객 27명이 약 20m 아래 6층 높이의 지하주차장 환풍구 바닥으로 추락했다. 이 사고로 16명이 사망하고 11명이 부상을 입었으며 11명 중 9명은 장기 치료를 요하는 중상자들이다.

이에 검찰에 기소된 관련자 13명(3개 법인 포함)은 2016년 1월 각각 실형 및 벌금 등으로 선고받았다.

③ 사고 원인

우선 첫 번째로 짚고 넘어갈 부분은, 이 사고가 일반인들에게 판교 '공연장' 붕괴 사고로 알려져 있다. 그러나 이곳은 '공연장' 공간으로 설계된 곳이 아니다. 때문에 다수 인원이 밀집할 경우 통제하기 어려운 공간이었고, 그렇다 보니 안전요원들의 사각지대가 많았으며 그 중 한 곳이 바로 환풍구였던 것이다. 이것이 첫 번째 사고원인이라고 볼 수 있다.

두 번째는 환풍기 덮개에 대한 부실시공이다. 판교사고 관련해서 신기남 국회의원은 설계도면과 실제시공 상태를 확인, 재구성하여 부실시공이 되었다는 의견을 제시하였다. 하청에 하청을 주는 과정에서 무등록 건설업체가 설계도면을 따라 시공하지 않았으며 이 과정에서 지지하중은 설계의 1/3 수준으로 떨어졌고, 이 부실한 구조물은 사건 당일 30여 명의 무게를 견디지 못하고 붕괴되었던 것이다.

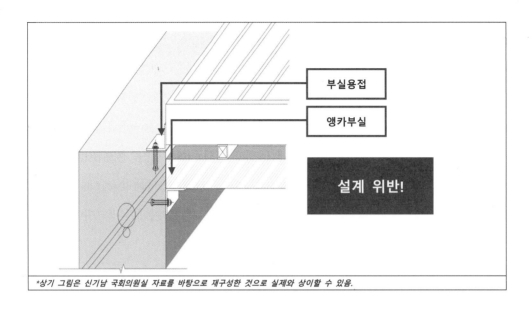

부실용접

앵카부실

설계 위반!

*상기 그림은 신기남 국회의원실 자료를 바탕으로 재구성한 것으로 실제와 상이할 수 있음.

④ 평가

부실시공은 존재하였지만 설계상 기준으로는 문제가 되지 않았다. 허가 및 심의도 통과하였고 완공 후부터 사고 당일까지는 아무런 문제도 없었다.

하지만 설계상 법적문제가 없다고 모든 위험 대비를 했다고 볼 수 있을까? 솔직히 (논쟁의 여지는 있겠지만) 설계 당시에는 누구도 수십 명이 그 위에 올라갈 것이라고 예상치 못했을 것이다. 설사 올라가더라도 지지하중 1,500kg 즉, 65kg 성인 기준 23명의 무게를 견딜 수 있도록 설계하였기에 문제가 없을 것이라 봤을 것이다. 또한 그 위치에서 대규모 공연이 기획되어 예상을 뛰어넘는 많은 사람이 동시에 환풍기 덮개로 올라갈 것이라고는 예상하지 못하였을 것이다. 게다가 환풍기 뒤편은 경사가 있는 형태라 바닥에서 덮개까지 높이는 1m가 안 되었다. 성인이라면 누구나 쉽게 올라갈 수 있었던 높이였다.

_____

* 출처: 신기남 국회의원실

여기서 첫 번째 문제점이 발생한 것이다. 누구도 상상하지 못했다는 점, 바로 최악의 상황을 예상치 못한 것이 사고를 불러일으켰던 것이다. (물론, 실제는 여러 요인이 복합적으로 조합되어 발생하였지만) 만약 설계 당시에 DFS 제도가 있었다면 최악의 상황에 대해 위험성 평가를 할 기회를 가졌을지도 모른다.

이 불행한 사고는 이제는 제2, 제3의 유사한 사고를 방지하기 위한 사례가 되었다. 이제는 상상속에서 발생한 사고가 아닌 실제 사고사례로 DFS에서 반드시 고려해야 할 사례가 된 것이다.

⑤ 결론

환풍기 부실시공에 대해서 두둔하는 것은 절대 아니다. 하지만 설사 부실시공이 없었다고 해도 수십 명의 하중이 어떠한 결과로 위험성을 표출했을지는 아무도 모른다.

따라서 하중을 견뎌 버티는 방안보다는 처음부터 수십 명이 올라가지 못하도록 발생빈도를 제거하는 DFS 업무가 진행되었어야 한다. 이처럼 최초 설계의도와 다르게 다수 사용자의 잘못된 이용을 'Public Misuse'라고 부르는데 완공 후 발생하는 사고의 대부분을 차지하는 원인이다. 따라서 Public Misuse에 대한 철저한 고려와 상상 그리고 사례분석이 불의의 사고를 막는 완공 후 단계 DFS 업무의 첫걸음이다.

개인적으로 아직까지 가슴 아픈 기억을 가진 분들이 많은 판교 사례를 분석하고 싶지는 않았다. 하지만 이 사례는 왜 상상력과 사례 조사가 중요한가를 가장 잘 나타내 준다. 따라서 이번 분석이 다시는 유사한 사고가 일어나지 않는 데 작은 도움이 되길 진심으로 바란다.

그리고 다음 두 가지는 사례는 설계 실수로 인해서 발생하는 사고에 대한 사례이다.

2) 상부 조경시설로 인한 하부 전기실 누수 사례

① 사고 개요

상부 조경시설로 인하여 하부 전기실에 지속적인 누수가 발생하여 누전의 위험성이 높아진 사례이다.

② 사고 피해

지속적인 누수로 인해서 누전 등의 위험에 노출되었다. 따라서 부수적인 가설물을 설치하여 누전을 방지하고 수시로 누수를 확인해야 한다. 그리고 여전히 누수로 인한 누전의 위험성은 제거되지 못하고 있는 상태이다.

전기실 현황

③ 사고 원인

조경시설 방수/방근계획의 심도 깊은 고려가 없었으며, '하필이면' 조경시설 하부 지하에 전기실을 계획한 것도 문제의 원인이다.

④ 평가

설계를 진행할 당시는 조경시설의 방수처리 중 '방근'에 대한 개념이 명확히 적용 안 되었을 가능성이 있다. 따라서 완공 후 조경식수 뿌리로 방수층이 깨져 누수가 발생할 것이라고 예상을 못했을 것이라 본다.

물론, 조경시설 하부가 전기실이 아니었다면 아무런 문제가 발생하지 않았을 수도 있다. 하지만 현재는 상부 조경시설로부터 누수가 발생하고 합선의 위험이 있는 하부 전기실로 흘러간다는 것이 가장 큰 문제이다. 지금은 임시방편으로 물길을 만들어 전기패널과 물을 이격시키고 수시로 물을 빼는 수고를 지속적으로 하고 있다.

그럼에도 불구하고 여전히 위험성은 그대로 있다. 설계 당시 하부 전기실이 누수에 영향을 받을 것이라 상상을 했다면 이와 같은 문제는 발생하지 않았을 것이다.

⑤ 결론

효율적 전기공급을 위해서 부하를 최소화하는 것을 우선적으로 고려하여 전기실을 배치하여야 한다. 때문에 대부분 전기실은 건물의 중앙에 배치하는 것이 가장 효율적이다. 하지만 본 사례의 건물은 대규모 지하주차장 때문에 전기실이 남측으로 치우쳐 계획되었고 그러다 보니 전기실의 상부가 옥외가 되어 전기실 상부에 조경시설이 계획되었다. '합리적 판단'과 '공간적 요구'에 인한 계획 두 가지가 '우연히' 겹치는 바람에 발생한 사례라고 말할 수 있다.

원래 안전에 관한 사고는 항상 '하필이면 그때', '우연히도 그 장소에', '그날따라 괜히' 등 우연이 우연과 겹치면서 발생하는 경우가 많다. 하지만 위험성 평가로 냉정히 평가하면 우연이 아니라 숨겨진 필연에서 사고가 발생하는 것이다.

이 사례도 그중 하나라고 볼 수 있다. 우연처럼 상하부에 조경과 전기실이 겹쳐졌지만 누수로 인한 전기실 피해를 상상하거나 사례가 있었다면 현재 평면 계획이 달라졌든가 조경 하부 방수에 좀 더 신경을 썼을 것이다.

다시 한번 강조하지만 우연과 우연이 겹쳐 발생하는 필연적 사고들을 방지하기 위해서는 심도 깊은 사례분석과 적절한 상상력을 바탕으로 한 DFS 업무가 필요하다.

3) 커튼월 하부(지면접촉부) 파손 사례

① 사고 개요

건물 외부 바닥마감재(석재)와 커튼월 하부가 맞닿는 부분이 온도차로 인한 열팽창 효과로 수축과 팽창을 반복하면서 커튼월 유리가 반복적으로 파손됨

② 사고 피해

피해는 인명사고를 유발할 만큼 심각한 피해를 주지는 않지만, 계절마다 지속적으로 반복하여 파손되는 유리의 유지보수 비용이 발생한다.

이 사례의 경우 위험성 평가를 한다면 인적 피해를 내포한 심각한 위험성을 가진 아이템이 아니기 때문에 대안없이 설계원안을 그대로 유지할 수도 있다. 하지만 이 사례는 위험성 등급과 상관없이 설계 완성도를 위해 수정해야 한다.

커튼월 현황

③ 사고 원인

사고 원인은 앞서 언급한 바와 같이, 건물 외부 바닥마감재의 열팽창 효과를 사전에 인지 못하고 커튼월을 프레임과 같은 높이로 맞닿게 설계한 것이 사고원인이다. 또한 커튼월이 경사지게 계획되어 태양열이 커튼월 하부에 집중되어 열팽창 효과를 가중시키고 있다.

④ 평가

기온이 상승하면 모든 물체는 열팽창 계수에 따라 팽창한다는 것은 전문적인 지식이 요구되는 어려운 물리학 법칙이 아니다. 간단한 원리이지만 디자인美에만 신경을 쓰다 보니 놓친 부분이라 판단된다.

⑤ 결론

설계 초기단계에서 디자인적 요소를 지키는 것도 중요하지만 완공 후에 발생할 수 있는 위험요소를 예상할 수 있는 분석력이 필요하다. 상상력이 필요하다는 것이다. 위험요소를 예상하고 파악하고 분석하는 것은 설계의 미적 요소뿐만 아니라 환경, 기후 등 모든 가능성을 입체적으로 생각하여 찾아내는 것을 뜻한다.

이번 사례의 경우는 상식적으로 알고 있는 열수축팽창 현상을 간과하고 설계를 진행하여 발생한 것이다. 따라서 안전설계를 위해서는 무심히 고려하지 못한 상황에도 집중하여 위험요소를 사전에 파악해야 한다. 또한, 이번 사례와 같이 안전설계는 시공상의 발생할 수 있는 인적 피해도 집중할 필요가 있지만, 완공 후 발생할 수 있는 유지보수 문제도 설계 초기단계부터 고려해야 한다는 것을 알 수가 있다.

유지/보수 및 완공 후 단계의 DFS는 심도 깊은 사례분석과 (최대한 경험을 바탕으로 한) 적절한 상상력의 조합이 다양한 안전사고를 방지할 수 있다.

대부분의 사고 원인인 Public Misuse(특히 어린이 실수 및 장난)에서 기인한 안전사고는 법규만 지키는 설계로는 안전사고 위험성 방지에 한계가 분명이 있다는 것을 인식해야 한다.

다시 한번 단계별 저감대책 방향을 정리하자면 다음과 같다.

단계별 저감대책 방향 2

단계	저감대책 방향
설계	Probability(발생빈도)를 조절함으로 Risk(위험성)를 회피함
시공	Severity(심각성)를 조절함으로 Risk(위험성)를 감소시킴
완공	상상과 예측으로 Risk(위험성)를 방지함

지금까지 시공단계와 유지/보수 및 완공 후 단계의 DFS를 알아보았다.

한 가지 오해하면 안 되는 것은 시공단계와 유지/보수 및 완공 후 단계 DFS라고 해서 안전성검토를 시공단계와 유지/보수 및 완공 후 단계까지 기다렸다가 검토하는 것이 아니다.

모든 안전성검토는 설계단계에서 시행하는 것이고 시공단계와 유지/보수 및 완공 후 단계에 발생할 수 있는 상황을 예측하고 찾아내어 설계단계에서 방지하는 것이다.

편의상 사고 상황이 어느 단계에 발생하는가에 따라 시공단계의 DFS, 유지/보수 및 완공 후 단계의 DFS로 구별한 것이다. 다시 말해 단계별로 각자 위험성을 평가하고 저감대책을 제시해야 한다는 뜻은 아니다.

이번 장으로 DFS의 원리와 개념을 마무리하겠다.

다음 장에서는 DFS와는 직접적 연결성은 없지만 안전업무에 관해 알아 두면 도움이 되는 업무, 이론, 표준 등을 소개하고자 한다.

PART

V

타 분야의
안전관리 업무

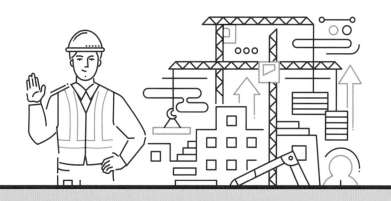

안전문화를
창출하기 위해서는
혁신(Innovation)이 필요하다.

혁신(Innovation)은
때로는 서로 관련 없다고
생각하는 분야에서 유사점을 찾아내고
융합하여 발전시키는 것에서
나오기도 한다.

이번 장은 DFS와는 직접적인 관련은 없지만, '안전' 자체를 이해하는 데에 도움이 될 것이라 본다. 더불어 이번 장에서 타 분야의 안전업무 및 프로그램 등으로 소개하는 이유는 앞으로 새로운 안전문화를 창출하기 위해서는 혁신(Innovation)이 필요하다고 보기 때문이다.

혁신은 여러 종류가 있지만 때로는 서로 관련 없다고 생각하는 분야에서 유사점을 찾아내고 융합하여 발전시키는 것에서 나오기도 한다. 이런 혁신의 좋은 예를 하나 들자면 '닌텐도 Wii' 탄생 배경을 들 수 있다.

닌텐도는 90년대 초반 '슈퍼 페미컴'으로 거치용 게임기 시장을 석권하였다. 그러나 소니의 플레이스테이션 시리즈에 밀려 암흑기를 맞이한다. 그 후 암흑기를 탈출하기 위해서 꾸준히 노력을 하였다. 그중 하나가 매년 열리는 '크리에이티브 워크샵(Creative Workshop)'이었다. 2000년대 초반 한 워크샵에서 '자동차 에어백과 게임기를 연결하여 새로운 것을 만들자.'라는 주제가 있었다.

처음에는 서로 전혀 상관없어 보이는 두 가지를 가지고 단순한 물리적 연결을 시도하였다.

그리고 더 깊이 파고들어 에어백이 충돌과 감속을 감지하고 대응하기 위해서 자이로센서와 가속센서가 사용되는 것에 주목을 하였다. 이 센서들을 게임기에 연결하여 사용자의 움직임을 감지하여 게임을 조정하는 기술을 적용시킨 것이 '닌텐도 Wii'의 탄생 컨셉이다. 그리고 2000년대 초반 닌텐도의 새로운 부흥기를 이끌었다.

이처럼 서로 관계없어 보이지만 서로간의 유사성과 필요성을 발견하고 융합에 성공한다면 혁신이 일어나는 것이다. 물론, 항상 두 가지 융합이 성공하는 것은 아니다. 보통 4~5% 이하라고 하니 투자대비 성공률이 굉장히 적다.

이번 장에서 알아볼 내용은 산업안전 프로그램에 관한 내용이다. 산업안전 프로그램이라고 하지만 안전이란 큰 카테고리로 본다면 DFS와 전혀 상관없는 분야도 아니며 어쩌면 DFS의 뿌리이면서 더욱 발전된 업무, 프로그램일 수도 있다. 단지 적용분야가 건축이 아닐 뿐이다. 따라서 이 장의 내용과 DFS의 융합은 높은 성공확률로 혁신이 가능하다고 보며 그것을 통해 새로운 건축 안전문화 실현도 가능할 것이라 본다.

그러나 자세히 알아보기에는 너무 광범위한 내용이 포함되기에 간단히 소개로 다뤄 보기로 한다. 소개할 내용들은 다음과 같다.

- EHS(Environmental Health and Safety)
- 인간공학과 안전
- CoHE(Control of Hazardous Energies)
- LoTo(Lock out/ Tag out)
- 표준과 비표준(Standard vs Non-standard)
- JHA vs JSA(Job Hazard Assessment vs Job Safety Assessment)
- 안전을 위한 선행지표(Leading Indicators for Safety)

EHS(Environmental, Health and Safety)

EHS는 Environmental, Health and Safety의 약자이다. 그대로 풀이하면 환경, 건강 그리고 안전에 관한 일련의 업무를 뜻한다. DFS처럼 안전에 관한 업무의 종류이다. DFS가 Design for Safety, 즉 설계를 통한 관련자(작업자, 사용자, 거주자, 방문자 등)의 안전을 지키는 업무라면, EHS는 안전업무(Safety)를 통해서 환경(Environmental), 건강(Health)을 관리 및 유지하는 것을 말한다. 여기서 '환경'은 좁은 의미로는 근무환경부터 거주환경 더 넓게는 지역 그리고 지구환경까지 확대된다. '건강' 또한 근무자의 건강에서 지역주민 건강 등 큰 의미로 확대 가능하다. 정의의 해석 폭이 큰 이유는 그만큼 EHS가 포괄하는 영역이 크기 때문이다. 작게는 작은 공장시설 및 산업현장에서 크게는 핵발전소 해체업무 및 우주항공사업까지 포함하기 때문이다.

EHS의 업무영역이 광범위하다고 해서 안전을 위한 위험성 평가 방법이 다르지 않다. 위험성 평가를 통해 위험성을 제거하여 안전을 구축한다는 기본원리는 DFS와 EHS가 동일하다. 그리고 위험성 평가 방법은 EHS에서 나왔고 더 넓은 의미로 발전해 왔다.

하지만 DFS가 EHS에 포함되는 부분집합은 아니다. 교집합은 있지만 EHS와 DFS의 영역은 현재는 분리되어 있다.

다이어그램으로 표현하자면 다음과 같다.

EHS와 DFS의 관계

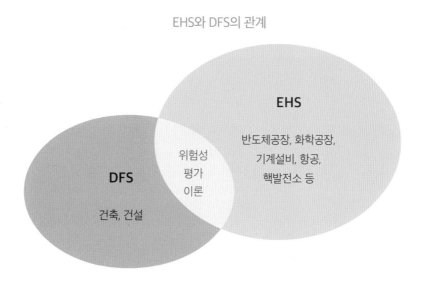

EHS는 다양한 분야의 안전관련 업무이기에 여러 가지 프로그램을 동반하여 발전해 왔다. 그리고 최근에는 인간과 안전사고와의 관계를 주목하고 있다.

예를 들어, 기존의 안전관련 업무는 공장에서 기계와 기계 사이, 기계와 소프트웨어 사이의 문제로 발생하는 것으로 인식했다. 2000년대를 넘어서면서 몇몇 반도체 IT 업체를 중심으로 인간과 기계, 인간과 소프트웨어 사이의 관계가 사고예방에 중요하다는 것을 인식하면서 주목하였다. 하드웨어와 소프트웨어 사이에 휴먼웨어(Humanware)의 개념이 포함되었다는 것이다. 이에 따라 인간행동을 연구하는 BBSM(Behavior Based Safety Management) 등이 안전업무에 중요하게 등장하였다. 최근에는 단순히 안전업무가 안전을 유지하는 업무를 넘어서 안전 자체가 가치(Value)를 가지고 문화(Culture)로 발전되어야 한다는 생각이 퍼지고 있다.

안전문화 발전단계

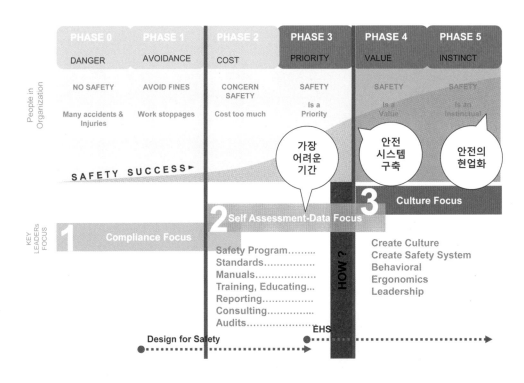

물론, 안전문화를 구축하기 위한 발전 노력이 인간을 먼저 생각하는 인본주의에서 나온 것이 아닌, 안전사고로 인해 발생하는 피해(돈) 그리고 회사 가치 하락을 동반한 2차적 피해를 막기 위한 자본주의 관점에서 나온 것은 부정할 길이 없다.

하지만 이유가 무엇이든 간에 이제는 안전은 Safety가 아닌 Value로 평가받아야 하는 것만은 사실이다. 그리고 Value를 높이기 위한 안전문화(Culture) 정착 노력도 끊임이 없어야 한다.

인간공학과 안전

안전사고에 인간의 실수가 큰 원인이 된다는 것을 깨달은 것은 그렇게 오래되지 않았다. 1990년대 초·중반까지 안전사고의 대부분의 원인은 기기적 결함, 소프트웨어의 미숙함이라 여겨졌다. 따라서 완벽한 기기, 완벽한 소프트웨어, 완벽한 공정(제재, 법규, 기준)을 이룰 수 있도록 많은 투자가 집중되었다.

하지만 그럼에도 불구하고 안전사고 발생률은 투자대비 줄어들지 않았다. 그래서 좀 더 궁극적인 원인을 찾기 위해 많은 사례를 찾아 분석하였다. 이 중 미국에서 1999년부터 2008년까지 발생한 57,975건의 사고를 분석하는 조사가 있었다. 그 분석의 결과 기계결함 등 하드웨어 또는 소프트웨어에서 발생하는 사고보다 인간의 실수에서 발생하는 사고가 80% 가까이 된다는 것을 발견했다. 이후로 안전사고 방지주체는 인간의 실수(Human Error)를 어떻게 처리할 것인가를 주목하게 되었다. 여기서 많이 연구되고 개발되는 분야가 인간공학이다.

인간공학(Ergonomics)이란 인간과 그들이 사용하는 물건과의 상호작용을 다루는 학문이다. 즉, 인간의 행동, 능력, 한계, 특성 등에 관한 정보를 수집/발견하고 이를 도구, 기계, 시스템, 과업, 직무, 환경을 설계하는 데 응용하는 것이다. 이로써 인간이 생산적이고 안전하며 쾌적한 환경에서 작업을 하고 물건을 효과적으로 이용할 수 있도록 하는 것이다.

인간학이 아니라 인간공학이라 불리는 이유는 기본은 인문학 배경과 내용을 바탕으로 하지만 그것을 분석하는 것 자체는 통계학에 기초하기 때문이다. 최초 인간공학은 생산성을 기반으로 시작되었다. 그러나 생산성과 안전한 근무환경이 크게 다르지 않다는 것을 깨닫는 데는 그리 오래 걸리지 않았다.

또한 인간공학을 통해 인간의 감각이 얼마나 자신을 잘 속이는 것이라 파악할 수 있었으며 이 속이는 과정 속에서 안전사고 발생률이 급격히 올라간다는 것을 알 수 있었다. 안전문제에 있어서 인간의 감각은 가장 중요한 요소이며 역설적으로 가장 믿어서는 안 되는 요소이기도 하다.

인간의 감각은 반복된 작업 속에서 익숙함을 배우고 이 익숙함은 생산성을 증대시키지만 반대로 익숙함은 안전에 대한 불감증도 같이 불러온다. 인간의 감각은 익숙한 환경일수록 자신을 속이기 때문이다.

다음 사진은 대표적인 착시현상 중 하나이다. 교차되는 지점의 점은 흰색이지만 주변의 검은색 면 때문에 검은 점이 깜박이는 것처럼 보인다.

착시효과의 예

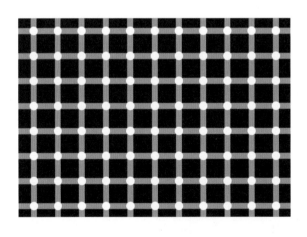

하지만 그림을 하나하나씩 쪼개서 보면 선위의 점은 깜박이지 않는다. 이처럼 인간의 감각은 쉽게 자신을 속이고 때로는 속고 있는지도 모를 때가 있다. 이런 상황에서 위험상황에 노출이 된다면 안전사고로 연결되는 것이다. 인간공학은 인간의 감각, 행동을 분석하여 이를 바탕으로 안전한 환경 제공이 현대 안전업무의 기본 개념이라고 볼 수 있다.

결론을 내리자면 감각이든 행동이든 결국 안전사고의 문제는 하드웨어와 하드웨어, 하드웨어와 소프트웨어 간의 문제가 아니라 휴먼웨어가 그 속에 포함되었을 때, 어떤 관계를 가지는가의 문제이다.

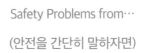

Safety Problems from…

(안전을 간단히 말하자면)

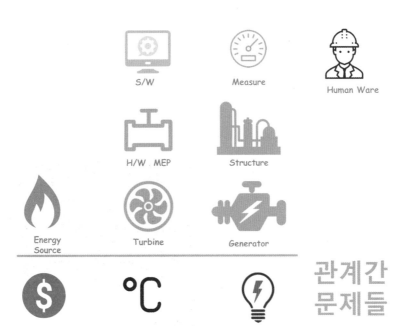

CoHE(Control of Hazardous Energies)

CoHE는 Control of Hazardous Energies의 약자이다. '위험에너지를 통제하는 프로그램'이라는 뜻이다. 공장 근로자들을 공장 시설물, 로봇의 움직임, 전기패널, 화학물질 등에서 발생하는 위험에너지로부터 보호하는 프로그램을 뜻한다.

다음은 CoHE의 주요 핵심 사항이다.

1) 직접통제(Direct Control)

직접통제(Direct Control)란 단어 그대로 에너지를 직접적(물리적)으로 통제하는 것을 말한다. 예를 들어 전기 멀티 콘센트가 있다고 가정을 하자. 여기에 작업공간으로 전기를 공급하는 전기플러그가 있다면 유지보수 작업을 하러 가기 전에 전기플러그를 직접 뽑아서 자물쇠 등을 묶어 놓는 것이 직접 통제이다. 전기 공급을 끊어야 위험에너지 없이 유지보수 작업을 할 수 있기 때문이다.

물론, 멀티 콘센트에는 알다시피 개별 전원 스위치가 있고 이것으로 전기공급을 중단시킬 수도 있다. 하지만 직접통제는 스위치를 끄는 것이 아니고 직접 뽑아내는 것을 뜻한다.

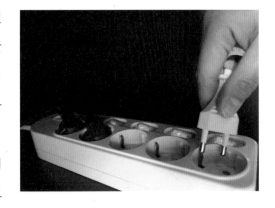

왜냐하면 스위치만 끄고 작업공간에 들어갔을 때 제3자가 작업자의 업무 유무를 모르고 스위치를 켜게 되면 사고가 발생할 수 있기 때문이다.

즉, 직접통제라는 것은 작업자가 직접 자신이 위험에너지를 통제하여 자신의 작업공간의 위험에너지를 제거하는 것이다. 이 직접통제는 다음에 설명할 Lo/To(Lockout/Tag out)과 연결된다.

2) 위험에너지

CoHE에서는 다음의 3가지 모두 위험에너지로 정의한다.

① 직접위험에너지: 전기, 압력, 진공, 중력, 열, 방사선, 회전에너지, 잔류에너지, 레이저,
   등 직접위험에너지

② 위험유발요인: S/W 에러, 로봇 에러, 전기적/기계적 에러, 작업자 오류, 작업자 간 오류
   로 인한 위험에너지 발생요인

③ 작업공간환경: 밀폐공간, 인간공학 등 작업자에게 위해한 작업공간/환경 등

위험에너지를 위의 세 가지로 정의하는 이유는 성격은 다르지만 각각의 요인이 모두 위험을 유발할 수 있기 때문이다.

CoHE는 이 세 가지 위험에너지를 통제하는 것이다. 단순히 에너지라고 해서 힘이나 전기, 열 등을 포함하는 것이 아니라 각 상황에 따른 오류사항과 환경을 모두 포함한 것이 CoHE의 위험에너지이다.

3) 사고발생 주요원인

CoHE에서는 위험원인도 크게 세 가지로 정의한다.

CoHE 위험원인 분류

알고 있는 위험 (Known Hazards)	새로운 위험 (New Hazards)	모르는 위험 (Unknown Hazards)

- 정확한 위험에너지 파악 실패
- ECP 부적절/부재/현장 경험
  의존
- SOP(표준작업절차) 현장 업
  무와 상이
	- 장비 S/W, Robot의 에러
	- 장비/로봇 프로그램의 안전
	  기능 없음
	- 장비의 전기적 기계적 오류
		- 절차 무시, 펜던트 안전스위
		  치 테이핑
		- 작업자와 오퍼레이터 간 소통
		  오류
		- 밀폐공간 질식 위험 파악 실패

특히 새로운 위험과 모르는 위험을 파악하고 예방, 제거 또는 회피하는 것이 CoHE의 핵심이다. 알고 있는 위험 즉, 눈에 보이는 위험은 작업자 교육 또는 안전장치 등으로 예방 가능하지만, 소프트웨어상의 문제 그리고 장비, 로봇 등의 잔여에너지 등 눈에 보이지 않는 위험은 언제, 어디서, 어떻게 발생할지 예측하기 어렵기 때문이다. 그렇기 때문에 직접 통제와 같은 물리적차단 수단이 필요한 이유이기도 하다.

그리고 새로운 위험과 예측이 어려운 위험 때문에 CoHE에서는 위험성 평가를 할 때 '발생빈도'에 대해서는 감안을 하지 않는다. 오직 '심각성'만을 고려한다. 왜냐하면 새로운 위험과 모르는 위험으로 인한 단 한 번의 사고가 인명피해로 직접 연결될 수 있는 대형사고가 되는 경우가 많기 때문에 '발생빈도'는 고려하지 않고 '심각성'만으로 위험성을 평가한다.

4) 통제방법

위험에너지를 통제는 기본적으로 직접통제를 원칙으로 하여 상황에 알맞게 세 가지 방법으로 행한다.

① 차단: Off (+LoTo) 위험에너지 자체를 원천 차단하여 가장 안전하나 장시간의 작업 기간이 필요하기 때문에 경제성은 떨어진다.

② 분리: Isolation (+LoTo) 유지보수 작업이 필요한 공간만 분리하여 위험에너지를 차단하고 작업을 진행한다. 안전하고 작업시간이 절약된다.

③ 대안: Alternative Method (+LoTo) 분리방법을 뛰어넘어 생산의 연속성을 가장 잘 살리고 안전한 유지보수 작업 공간을 제공할 수 있다. 하지만 절차, 준비, 교육 등 철저한 사전 준비와 작업자 간의 소통이 중요하다.

CoHE 통제방법

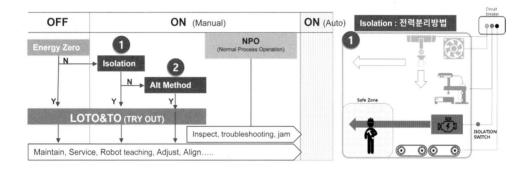

5) CoHE 수행절차

효과적으로 CoHE가 실행되기 위해서는 다음 절차가 필요하다.

① 확인: Identifying
- 작업책임 분배: 작업 전 작업자가 업무 및 책임 분배
- 작업확인: 작업 전 작업에 대한 숙지
- 위험에너지원 확인: 작업에 투입되는 위험에너지원 확인
- 위험에너지 차단장치 확인: 위험에너지원 차단방법 숙지

② 운영 절차: Operational Procedures
- 위험에너지 제어를 위한 절차 문서화: 문서를 통한 절차 숙지
- 위험에너지 차단 중단규정 확립: 규정 확립으로 작업중 실수 최소화

- 교대근무 방식 적용: 작업자 피로도 관리
- 사용자 지정 잠금(Lock out) 또는 테그 아웃(Tag out) 제거 절차 적용: 제거절차 확인
- 외부용역 또는 계약직원 관리: 외부용역 및 계약 직원 안전교육 실시

③ 실행: Implementation
- 보호장구 및 보호기기 선택 및 사용: 작업자 보호 우선을 위한 장구배치
- 작업자 간 소통 및 작업 절차 훈련: 안전사고예방을 위한 정기교육 실시

④ (CoHE)프로그램 확인/검토: Program Maintenance
- (CoHE)프로그램 모니터링/확인: 업무 절차 검토 및 미흡한 점 확인
- (CoHE)프로그램 절차 검토: 업무절차 개선을 위한 검토 실시
- 변경사항 관리: 작업변경 내용 문서화하여 후속 작업자에게 인계
- 기록보관: 작업내용을 기록하여 유사작업의 참고 데이터화

지금까지 CoHE에 대해서 간단히 알아봤다. CoHE는 현재 미국에서 가장 중요하게 생각하는 안전프로그램 중 하나로 지금도 다각도로 발전시키기 위해서 노력하고 있다. 광범위한 영역을 포함하는 CoHE를 여기서 다 설명을 못하지만, 위험에너지로 안전을 통제한다는 개념만 이해하고 DFS에 적용 방법을 고민해 봤으면 한다.

Lo/To(Lock out/Tag out)

Lo/To는 Lock out/Tag out의 약자이다. 유지보수작업 등을 위해 기계설비를 중지시켜야 할 경우 기계를 올바르게 차단/정지하고 유지보수 작업 완료 전까지 다시 작동할 수 없도록 하는 안전절차이다. 뜻도 영문 그대로 Lock out, 잠금 장치를 하거나 (또는 동시에) Tag out, Tag(표식)를 붙인다는 뜻이다.

위험을 수반한 작업을 시작하기 전, 위험한 에너지원을 물리적 방법으로 '격리 또는 작동 중지'를 시키는 것이다. 격리된 (위험)에너지원은 Lock을 하고 Tag를 붙여 누군가 현재 작업을 하고 있다는 것을 제3자에게 알려 실수로 기계를 재가동시키는 것을 방지하기 위한 것이다. Lock은 각자의 개인지정 열쇠(1개)로만 가능하고 다른 사람은 사용할 수가 없다. 얼핏 보면 굉장히 간단해 보이는 절차이지만 산업 전반에 걸쳐 위험 장비 작업의 안전사고 예방방법으로 널리 사용되고 있다. 일부 국가는 법제화하여 의무화를 하고 있다. 또한 유사한 원리에서 시작한 CoHE와 조합하여 산업안전 업무의 40% 이상을 차지하고 있다.

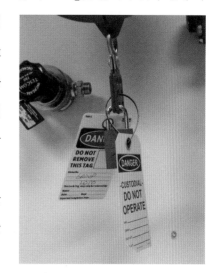

기본적인 Lo/To의 절차는 다음과 같다.

1. (위험)에너지원 차단 알림 (유지보수 작업 등을 위한)
2. (위험)에너지원 확인
3. (위험)에너지원 격리
4. (위험)에너지원 잠금(Lock) 및 태그(Tag) 걸기
5. (위험)에너지원 격리가 성공적인지 확인 후 작업 시작(Try out)

최근에는 마지막 5단계인 Try out의 개념이 포함되어 다시 한번 위험에너지원이 확실히 격리되었는지 확인한다.

1) 그룹 잠금(Group Lockout)

여러 가지 절차가 있지만 Group Lockout에 대해서 한번 알아보기로 한다.

① 하나의 시스템 안의 복수의 작업자 그룹: 둘 이상의 작업자가 전체 시스템을 유지보수 작업을 할 때는 여러 쌍의 자물쇠 구멍이 있는 다중 클램프를 이용해 잠근다. 각 작업자는 자신의 자물쇠로 클램프를 잠그고 먼저 작업 종료한 작업자는 자신의 자물쇠만 제거한다. 작업을 종료하지 못한 작업자의 자물쇠는 여전히 클램프에 잠겨 있어 여전히 위험에너지원은 중지된 상태를 유지한다. 다소 어지러워 보이지만 다음 그림이 그룹 잠금의 예시이다.

그룹 잠금(Group Lockout)

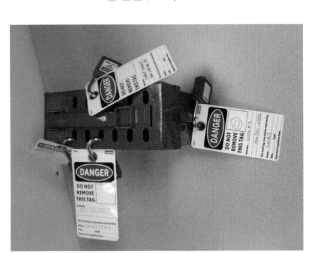

② 복수의 시스템 안의 다수의 작업자 그룹: 다수의 작업자들이 포함된 시프트그룹(교대근무팀)이 각각의 담당업무를 수행할 때는 Lock Box가 사용된다. 시프트리더(교대근무 팀장)가 위험에너지 차단이 가능한 모든 차단기, 밸브 등의 열쇠를 Lock Box에 넣고 개인 지정 자물쇠로 잠근다. 나머지 시프트 작업자들도 각자 지정 자물쇠를 Lock Box를 담그고 Tag를 걸어 놓는다. 이로써 모든 시프트 작업자들은 자신이 담당하는 작업을 포함하여 모든 시스템 위험에너지통제에 대해서 '직접 통제'를 하는 효과를 가지는 것이다.

각 작업자는 자신의 작업종료 후 자신의 자물쇠와 Tag를 제거한다. 하지만 나머지 늦은 작업자들은 여전히 위험에너지통제권을 가지고 있다. 시프트 변경을 할 때는 시프트

리더끼리 위험에너지통제가 적절하고 올바른지 확인 후 리더 자물쇠를 교환한다.

2중차단 박스 적용

2) 해외 Lo/To 규정

① 미국 규정

- US OSHA 29CFR 1910.147: 자물쇠와 태그를 부착하는 사람의 이름을 나타내는 식별 기호가 있어야 한다.

- 69US OSHA 29CFR 1910.147, US OSHA 29CFR 1910.269, US OSHA 29CFR 1910.333, US OSHA 29CFR 1910.179: Lo/To 규정을 준수하기 위해 5가지 사항이 필요하다.

  - Lo/To 절차(문서)

  - Lo/To 교육(관련 책임자 및 작업자)

  - Lo/To 정책(Policy) 또는 프로그램

- Lo/To 장치 및 자물쇠

- Lo/To 감사(Auditing): 매 12개월마다 모든 절차 검토 및 확인

② 캐나다 규정

- Canadian Standard Association's Standard CSA Z460: 산업, 노동 및 정부 간의 협의를 기본으로 만든 기준으로 Lo/To 일반 프로그램 등을 정의하고 적절한 표준을 제공한다.

③ 유럽 규정

- European Standard EN 50110-1: 전기설비 작업 안전절차는 다음과 같다.

- 완전분리(Disconnect completely)

- 재가동 여부 확인(Secure against re-connection)

- 차단 확인(Verify that the installation is dead)

- 접지와 단락 적용(Carry out earthing and short-circuiting)

- 인접 충전부 안전대책 마련(Provide protection against adjacent live parts)

- 현장 프로그램에 따른 Lo/To(Site policies regarding Lo/To)

표준과 비표준(Standard vs Non-standard)

미국의 경우 OSHA와 ANSI 등 각 분야에 적합한 여러 표준이 개발되어 있다. 그리고 그 표준들을 일부는 법제화하고 일부는 권고사항으로 지키도록 제안한다. 표준은 처음부터 할 일과 하지 말아야 할 일들을 정해 놓은 것은 아니다. 수많은 시행착오를 겪으면서 가장 효율적인 방법들이 경험으로 축적되고 그것을 전달해 준 기록들을 좀 더 객관적이고 효율적인 관리를 위해 문서화시킨 것이다. 즉, 표준화 작업을 위해서는 수많은 실수들과 성공 경험의 축적이 선행되어야 한다.

그만큼 많은 시간과 투자비용이 필요하다는 것이다. 그렇기 때문에 우리나라처럼 후발 주자들에게는 표준화 작업을 위한 여유와 시간이 없었다. 그래서 우리나라는 미국의 표준을 차용하였고 표준화된 절차와 과정 그리고 이유를 모르기에 표준을 반드시 지켜야 하는 것처럼 교육시킨다.

하지만 표준 자체가 효율을 위한 축적된 경험의 소산으로 항상 옳은 것은 아니다. 시대와 기술의 변화 그리고 작업자의 개인 숙련도에 따라 오히려 비효율성을 보이기도 한다. 때문에 미국의 표준은 발전과 진화를 거듭하며 변경이 된다.

여기서 바로 비표준 개념이 나왔다. 표준작업보다 좀 더 효율적인 방법을 찾아내 사용하고 더 나아가 잠재된 위험성을 제거하는 단계가 비표준화 단계이다. 그리고 비표준화 단계를 거쳐 안전성과 신뢰할 만한 경험이 축적되면 표준과 좀 더 효율적인 비표준이 융합이 된다. 이 과정을 통해서 새로운 표준이 탄생하는 것이다.

표준과 비표준의 경계(Standard vs Non-standard)

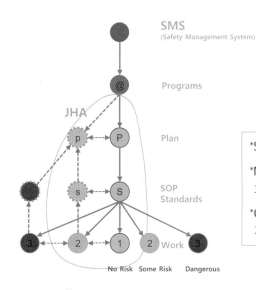

*Standard: 표준을 따른다

*Non Standard: 표준을 기준으로 효율성을 따른다.

*Challenge: 표준을 벗어난 새로운 기법을 시도한다.

Auto CAD를 예로 들어 보자.

Auto CAD를 잘 다루는 숙련자들 중 바닐라 버전 그대로 CAD를 사용하는 사람은 거의 드물다. 각자의 편의와 효율성에 맞춰 모드와 단축키를 변경하고 추가 프로그램(Lisp)을 깔기도 한다. 이것이 바로 비표준이다. 그리고 Auto Desk는 이런 설정 변경을 가만히 지켜보는 것이 아니라 유용하고 효율적인 모드라고 판단되면 새로운 버전에 포함시킨다. 이것이 바로 비표준과 표준의 접목 과정으로 새로운 표준이 탄생하는 것과 같다. 물론, 버전 업그레이드가 항상 효율적인 것은 아니다. 오히려 불편한 기능이 추가되기도 한다. 그렇다면 그 불편한 기능은 또 개인설정으로 변경되고 Auto Desk은 다음 버전에 삭제 또는 변경한다.

이것이 바로 표준의 진화과정과 같다. 다시 말해 표준이 100% 맞는 것은 아니고 시대와 기술 등의 변화로 변경 가능하다는 것이다. 물론 그 과정에서 위험요소 제거가 선행되어야 한다.

정리하자면, 표준과 비표준의 이해도 차이가 현재 미국과 국내 안전 분야의 가장 큰 차이점이라고 볼 수 있다.

JHA vs JSA(Job Hazard Assessment vs Job Safety Assessment)

JHA는 Job Hazard Assessment(업무 위험요소 평가)의 약자이고 JSA는 Job Safety Assessment(업무안전성평가)의 약자이다. 보통 우리나라에서는 JHA는 생소한 단어이고 JSA는 익숙한 단어이다.

여기서도 미국과 우리나라의 안전문화의 차이점이 나오는데 미국은 JHA를 더 선호하고, 우리나라는 JSA를 선호한다. 이유는 앞서 설명한 표준과 비표준의 개념과 연결된다. 우리나라는 기존의 표준만 따르도록 업무를 진행하기 때문에 표준에 입각한 업무에 대해 필요한 안전사항을 평가하고 위험을 예방을 한다.

반면 표준화와 비표준화를 통합하는 과정을 통해 표준을 만드는 미국에서는 비표준의 위험성이 무엇인지 알아내야 한다. 따라서 위험성 평가를 통해 위험을 제거한다.

축구로 비유를 들자면 JHA는 공격 축구, JSA는 수비 축구로 보면 쉽게 이해된다. 카테나

치오(Catenaccio)라고 소위 '빗장수비'로 알려진 축구전술이 있다. 1960년대 AC밀란 감독 네레오 로코가 고안하여 그의 라이벌 인테르 감독 에레리오 에레라가 완성시킨 전술이다. 한때 이탈리아 축구를 대표한 전술로 회자되고 있다. 변경된 3백으로 스위퍼를 두어 물샐 틈없이 공격을 막아 내는 전술이다. JSA는 이와 비슷하다고 보면 된다. '업무의 안전성을 검토/평가'(수비)하여 '위험'(공격)을 '예방'(승리)하는 것이다.

반대로 게겐프레싱(Gegen Pressing)이란 전술이 있다. 현 리버풀FC 감독인 위르겐 클롭이 도르트문트 감독 시절 고안한 전술로 한때 대세 전술이던 스페인 티카타카 전술의 파훼법 으로 개발된 전술이다. 강력한 체력과 조직력을 앞세워 전방압박으로 하여 수비에서 미드 필더로 공이 올라오기 전에 차단하고 공격을 하는 전술이다. 수비가 미드필더로 공을 못 넘 기기에 빌드업(공격을 풀어가는 패스)을 하지 못하며, 수비가 공을 뺏기면 최종 방어선까지 동시에 무너져 곧장 득점기회를 가져가는 전술이다. 이 게겐프레싱이 바로 JHA라고 보면 된다. '위험성'(상대수비)을 '사전에 분석'(전방압박)하여 '위험을 제거'(승리)하는 것이다.

물론, 어느 것이 옳고 어느 것이 그른 것은 아니다. 카테나치오도 공격이 약하다는 약점이 있고 게겐프레싱도 수비가 약하다는 약점이 있듯이 JHA와 JSA도 어느 것이 더 좋은 방법 이란 것은 없다. 단지 안전한 작업환경을 실현하기 위해서 어느 접점에서 조화를 이루는 것이 가장 좋은 것이다. 실제로 미국은 거의 두 가지 분석이 동시에 이뤄지고 조화를 이루 고 있다.

안전을 위한 선행지표(Leading Indicators for Safety)

안전프로그램의 효율성을 향상시키는 것 중 하나는 Measurement(단순히 '측정'으로 번역 하기에는 복잡한 단어이다. 여기서는 '기준과 기준에 부합하는 측정방법'이라고 해석하면 된다.)를 변경하는 것이다.

Measurement는 모든 관리프로세스와 프로그램의 매우 중요한 부분이며 지속적인 개선을 위한 밑바탕이다. 안전프로그램과 프로세스의 성능을 Measurement 하는 것도 다르지 않다. 효과적인 Measurement 적용과 변혁으로 안전프로그램과 프로세스 성능개선을 꾀할 수 있다.

완벽한 안전 Measurement를 찾는 것은 어려운 일이다. 안전한 업무/작업환경을 실현하는 것뿐만 아니라, 그 과정에서 얼마만큼 사고(Accident)와 사건(Incident)을 잘 예방하였는지 지속적으로 확인해야 하기 때문이다. 따라서 안전프로그램 성능개선을 위해 후행지표(Lagging Indicator)와 선행지표(Leading Indicator)의 조합이 사용된다.

1) 후행지표(Lagging Indicator)

후행지표는 사고 Measurement를 과거 사고들의 통계 분석으로 진행된다. 예를 들어 부상빈도와 사고의 심각성, KOSHA 등 정부기관에 보고해야 하는 사고건수, 사고로 인한 근무손실일, 사고 보상비용 등의 통계를 가지고 분석하고 평가한다. 후행지표는 안전프로그램이 얼마나 잘 준수되고 진행되고 있는지를 결과치로 확인하는 전통적인 안전 평가 방법이다.

하지만 단점도 존재한다. 후행지표는 결과치를 통해서 사고예방을 위한 안전프로그램의 적정성을 평가하기 때문에 진행과정보다는 수치로 결론을 내는 함정에 빠질 수 있다. 좋은 안전수치만 가지고 안전프로그램의 개선 필요성이 없다고 판단하고 안전을 뒤로 미루는 결론이 나올 수 있다.

2) 선행지표(Leading Indicator)

선행지표는 사고와 부상을 예방하고 통제하기 위해 필요한 행동(Action 또는 Program)을 Measurement 하기 위해 미래의 사건을 예상하고 그에 따른 안전 대안책을 제시하는 것을 뜻한다.

선행지표는 효과적인 안전시스템 및 프로그램 등에서 수집된 여러 가지 정보들을 조합하고 분석한 결과이다. 선행지표는 부상이나 사고 등이 발생하기 이전에 관리자와 작업자들에게 사고예방을 위한 변화를 모색하는 선견지명을 부여함으로써 탄탄하고 효과적인 안전 프로그램으로 개선시키는 것을 목적으로 한다.

쉽게 말해 영화 〈마이너리티 리포트〉처럼 미래의 사고를 예상하고 대안과 대책을 제시하는 것이다. 선행지표의 예를 들자면, 안전교육, 인간공학을 기초한 위험사항 확인 및 변경, 장시간 근무로 인한 MSD* 위험성감소(장시간 근무 중 근육 등의 이상으로 작업실수가 발생 가능함), 직원들의 안전인식 조사, 안전감사 등이 있다.

선행지표가 필요한 이유는 결과치를 통한 수동적 대처가 아닌 능동적인 대처를 통해 사고와 사건을 사전에 예방하는 효율적이고 적합한 안전프로그램을 완성시키는 데 목적을 두고 있기 때문이다.

전통적으로 대부분 후행지표를 통한 안전한 업무환경 달성 여부를 확인하는 것으로 안전의 초점이 맞춰져 있다. 하지만 후행지표의 통계를 바탕으로 개선점을 찾는 선행지표도 동시에 진행하는 것이 안전산업의 미래가 될 것이다. 지속적인 개선을 통한 안전환경 실현은 언제나 안전문화의 첫 번째 목표이기 때문이다.

안전문화 사이클(Safety Life Cycle)

* MSD: 근골격계 장애

설계안전성 검토 규칙

Rule of DFS

Design for Safety(DFS)
'설계안전성 검토'는

주관적 판단으로 위험성을
평가하고 문제점을 제거한다.
안전업무 경험의 미숙함을
객관적으로 도와줄 장치가 필요하다.

이번 장은 책을 마무리하는 장으로써 안전을 고려한 설계에 필요한 팁(규칙)을 설명하고자 한다. 열 가지 안전규칙으로 이뤄진 것으로 처음으로 안전설계를 접한 사람에게 도움이 될 것이라 생각한다.

절대로 열 가지 안전규칙이 모든 안전을 아우를 수는 없고 정답도 아니지만, '안전'이란 단어 그 자체만으로 거부감을 느끼거나 이것이 익숙하지 않은 사람에게는 좋은 팁이 될 것이다.

또한 안전성평가는 경험을 바탕으로 한 주관적 판단으로 위험성을 발견하고 평가하며 제거하기 때문에 미숙한 안전업무경험으로 주관적 판단이 자신이 없을 경우 다음 열 가지 안전규칙으로 위험성을 판단한다면 큰 도움이 될 것이다.

열 가지 규칙은 가장 빈번히 일어나는 사고와 무심코 간과하기 쉬운 위험요소들을 바탕으로 만들었다.

1. 높이를 없애라

2. 바닥에 속지 마라

3. 시간을 줄여라

4. 사용자를 예상하지 마라

5. 부끄럼 없는 설계를 하라

6. 항상 배려하라

7. 작지만 큰 효과!

8. 밀폐는 피하라

9. 비상은 평가가 필요 없다

10. 자연을 두려워하라

2017년 '안전보건공단' 통계에 따르면 2016년 4분기 건설산업재해 사망자 139명 중 81명이 떨어짐 사고 사망자이다. 고소작업 등에서 떨어짐, 즉 추락사고가 전체 사망자 중 58.3%로 과반 이상 차지한다.

떨어짐 사고의 가장 직접적이고 위험한 위험요소(Hazard)는 '높이'이다.

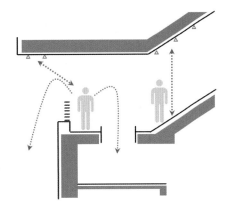

안전성검토 측면에서 본다면 가장 위험한 위험요소를 사전에 제거시키는 것이 합리적인 위험성(Risk) 해결책이다. 하지만 건축은 결국은 높이를 만드는 것이고 그 높이 속에서 공간이 탄생한다. 건축에서 높이를 제거할 수는 없다. 여기서 '높이를 없애라'라는 것은 실제 '높이'가 아닌 위험에 방치된(노출된) 높이를 없애는 것을 뜻한다.

다음은 높이에 관한 사고 유형을 정리한 것이다.

---

* 보이는 높이(지붕, 옥상, 난간 등)뿐만 아니라 숨겨진 높이(실내 고소 작업, 계단 작업 등)도 포함된다.

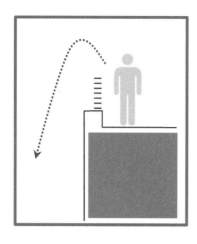

Type_1   **난간 추락**

발생시기

시공단계	사용단계	유지/보수

개요   최소 1.2m 높이 난간 필요
('바닥' 기준이 아닌 '발' 기준으로 1.2m)
시공 중 안전난간 설치
수직형 난간 설치

지붕 끝 안전난간 설치가 원칙
설치 어려울 경우 라이프라인
설치

바닥에서 1.2m 안전난간이 아닌
발에서부터 1.2m 안전난간 설치

안전설계의 첫걸음

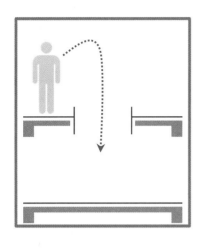

Type_2　　**개구부 추락**

발생시기

시공단계	사용단계	유지/보수

개요　개구부 사고 방지를 위한
안전망 설치(시방서 명기)
도면에 위험요소 표기

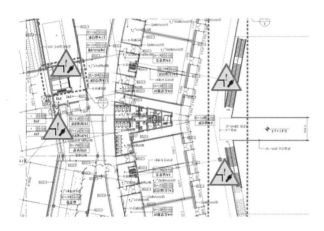

추락 위험요소 및 잔여 위험요소
도면에 표기

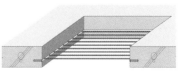

바닥개구부에 안전망을
설치하여 추락 위험요소 제거

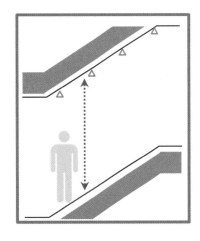

Type_3   고소작업-1(계단 조명)

발생시기

시공단계	사용단계	유지/보수

개요   작업지지대 고정이 어려운
계단 상부 고소작업의
추락 위험요소

계단 하부 조명 설계로 인하여
유지/보수 및 시공 시 추락 위험

벽면 조명으로 설계를 변경하여
추락 위험요소 제거

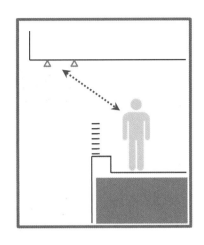

Type_4　　　**고소작업-2(난간 조명)**

발생시기

시공단계	사용단계	유지/보수

개요　　　안전난간 외부 또는 처마
고소작업의 추락 위험요소

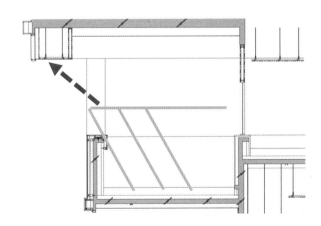

작업발판조차 설치하기 어려운
설계로 인한 추락 위험

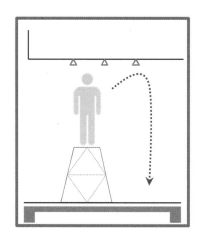

Type_5 **고소작업-3(고천장 조명)**

발생시기

시공단계	사용단계	유지/보수

개요 고천장의 조명 및 시설 유지
/ 보수의 추락 위험요소

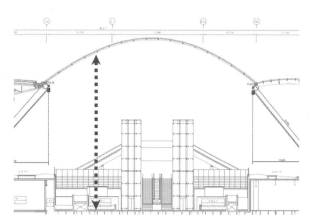

고천장 조명설계는
시공 및 유지/보수에 위험성 높음

고천장 조명설계를
간접조명으로 변경하여
위험요소 제거

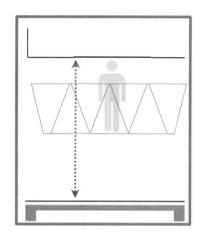

Type_6　　**고소작업-4(고천장 작업)**

발생시기

시공단계	사용단계	유지/보수

개요　　각종 높이에서 유발되는
추락 위험요소

고소작업은 항상
추락 위험요소가 존재함
저감 대책이 필요함

라이프라인을 설치하여
추락 위험요소 저감

2. 바닥에 속지 마라

'禍患常積於忽微(화환상적어홀미)'라는 말이 있다. '사람은 큰 돌이 아니라, 하찮게 여겼던 작은 돌에 걸려 넘어진다.'라는 뜻으로 중국 송나라 때 대유학자인 구양수의 《영관전서》에서 나오는 말이다. 다시 말해서 큰 돌은 눈에 잘 띄기 때문에 걸려 넘어지는 경우는 별로 없으며, 대부분 잘 살피지 않고 무심히 하찮게 여겼던 작은 돌에 걸려 넘어져 다친다는 말이다.

안전사고에 대해서 이렇게 잘 표현한 말도 없을 것이다. 무릇 안전사고는 무심코 하찮게 여겼던 곳에서 발생한다. 특히, 바닥(지표면, 길, 도로, 복도 등)에서 의외로 많은 사고가 발생한다. 걸려 넘어지고, 미끄러지고, 부딪히는 사고 등 추락사고 다음으로 사고가 많이 발생하는 것이 '높이'라는 위험요소가 없는 바닥에서 일어난다. 바닥이기 때문에 어떠한 위험요소가 없다고 착각하게 되며 무심코 안심하다 다치는 것이다.

다음은 바닥에서 발생할 수 있는 몇 가지 사고 유형을 정리하였다.

Type_1 미끄러짐(기울기)

발생시기

시공단계	사용단계	유지/보수

개요 실내/외 바닥 기울기는
상황에 따라 미끄러짐 사고의
주요 위험요소임

겨울철 미끄럼 사고 발생 가능
기울기 설계에 주의 필요

가파른 계단 겨울철
아이들 안전사고 발생 가능

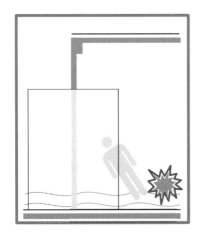

Type_2	미끄러짐(바닥재)

발생시기

시공단계	사용단계	유지/보수

개요 실내 미끄러짐 사고 예방을
위해 바닥재 선정 주의 필요

방풍실 전면, 중간, 후면에는
물갈기 바닥이 아닌
잔다듬 바닥고려

겨울철 금속 바닥재 미끄러짐
사고 예방 고려

안전설계의 첫걸음

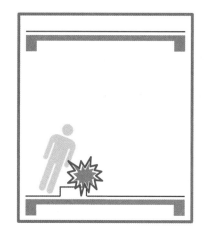

Type_3	넘어짐(요철)

발생시기

시공단계	사용단계	유지/보수

개요 마감 처리되지 않은 요철은 넘어짐 위험요소를 항상 내포하고 있음

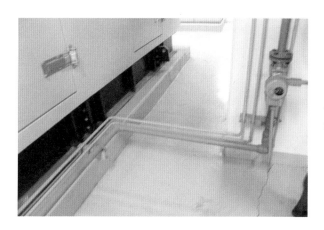

무심코 지나칠 수 있는 공간의 발걸림 위험 존재

유사한 바닥색상으로 요철을 인지 못함

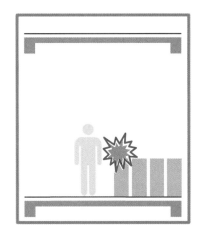

Type_4   부딪힘(장애물)

발생시기

시공단계	사용단계	유지/보수

개요   시공중 바닥은 항상
장애물 없이 깨끗한 상태로
유지되어야 함

시공 중 가장 빈번히 일어나는
사고 원인 중 하나

일상 생활 속의
부딪힘 위험요소

Type_5   헛딛음(동선)

발생시기

시공단계	사용단계	유지/보수

개요 연속성이 있는 바닥 설계는
연속성을 유지 또는 인지시켜야
위험요소가 제거됨

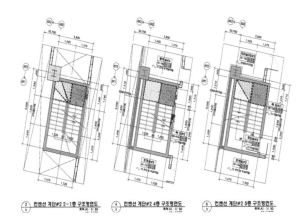

층간 높이를 억지로 맞추기 위한
불규칙한 계단 계획

인지성이 떨어지는
불규칙한 길거리 계단 계획

위험성을 평가하는 방식은 앞서 배운 바 있다. 위험성은 발생빈도와 심각성의 상관관계로 발생빈도를 조절하는 것으로 충분히 위험성을 제거 또는 감소시킬 수 있다.

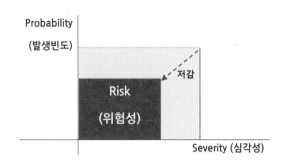

발생빈도를 낮추기 위해서는 위험에 노출되는 시간을 줄이는 것이 가장 효과적이다. 특히 시공단계에서는 거의 절대적인 저감대책이라고 할 수 있다. 긴 시간이 요하는 작업을 효율적인 관리로 작업시간을 줄여서 위험노출시간을 최대한 줄이는 것이 위험성 해결책인 것이다.

예를 들어, 계단 타설 시 가드레일 소켓을 미리 설치하여 시공 중에는 임시 가드레일 소켓에 손쉽게 설치하고 완성 시에도 가드레일 설치시간을 줄임으로써 위험에 노출되는 시간을 줄여 주는 것이다.

지금까지 세 가지 규칙을 알아보았다. 사실 세 가지 규칙으로 대부분의 사고를 예방할 수 있다. 90% 이상의 사고를 예방할 수 있다고 해도 과언이 아니다. 그리고 설계안전성검토 작성 시 대부분의 검토 항목은 위 세 가지 규칙 내에서 해결할 수 있다. 또한 이론적인 접근이 가능한 위험성 평가 항목들이라고 할 수 있겠다. 반면 다음 일곱 가지 규칙은 위험성 평가 방식이 이론적으로 들어맞지 않는 내용에 관한 규칙이다.

4. 사용자는 예상 밖이다

사용자(거주자, 작업자 또는 관리자)의 오사용이란 설계 및 시공의 의도와는 다르게 사용자가 임의적(또는 장난) 판단으로 잘못된 사용을 하는 것을 뜻한다. 'Public Misuse'라고 명명된 이것은 대표적인 'Human Error' 중 하나로 가장 큰 사고원인 중 하나이다.

Public Misuse(사용자의 오사용)

Public Misuse 방지 = Leading Indicator 필요

앞서 예를 들었던 판교 환풍기 추락사고도 대표적인 Public Misuse 사고이며 재작년에 발생하였던 초등학생들이 주차장 채광창에서 추락한 사고도 사용자의 오사용으로 발생한 사고이다.

이런 사용자의 오사용 사고를 방지하기 위해서는 단순한 위험성 평가 방식으로 사고를 예방하는 것이 아니라 일어날지 모르는 상황을 예측하고 분석하는 Leading Indicator 방식과 기존 사고사례 분석(Case Study)이 필요하다.

5. 부끄럼 없는 설계를 하라

이번 항목은 다소 자극적이고 공격적인 표현이지만 건축설계직에 몸담고 있는 입장에서 강하게 표현해 본다. 건축가에게 설계는 자신의 얼굴이며 설계 실수는 자신의 얼굴에 먹칠을 하는 것이다. 설계 실수는 크든 작든 결국 '쪽팔리는 일'인 것이다. 그리고 때로는 작은 실수가 복합적인 여러 요인과 결합하면서 영구적인 위험요소를 생성하고 안전을 위협하는 큰 사고를 유발시킬 수도 있다.

앞서 알아보았던 전기실 누수 건이 적절한 예라고 할 수 있다.

그러나 설계안전성검토 제도가 올바르게 정착이 된다면 설계과정에서 발생하는 실수를 90% 이상 수정할 수 있다고 장담한다.

6. 항상 배려하라

안전의 기존 정의가 포함된 이 항목은 어쩌면 가장 먼저 언급되어야 하는 규칙이다. 처음 안전을 접하는 사람은 어렵고 복잡하다고 생각할 수도 있다. 하지만 안전은 그렇게 어려운 것이 아니다. 안전이란, '한 사람이 아침에 집을 나와 일을 마치고 저녁에 무사히 가족 품으로 돌아가는 것이다.'라고 정의할 수 있다.

무사히 가족 품으로 돌아가는 것, 이보다 더 중요한 것은 없으며 이것이 안전의 시작이며 안전의 끝이라고 말할 수 있다. 작업자, 사용자 그리고 유지보수자의 안전한 환경을 위해 사전에 설계된 안전장치 설치도 작은 배려라고 볼 수 있다. 또한 작업자, 사용자 그리고 유지보수자를 위험요소에 노출시키지 않기 위하여 사전에 위험성을 제거 또는 대체하는 설계안전성검토 역시 작은 배려의 시작이다.

이 여러 작은 배려들이 합쳐져서 오늘도 한 가정의 행복을 지킬 수 있는 것이다.

그리고 설계안전성검토는 설계를 통해 안전한 시공, 안전한 업무 그리고 안전한 거주 환경을 실현시켜 누군가를 무사히 귀가시키는 일이다. 무엇인가 대단한 일 같지만 시공 작업자에 대한 작은 배려, 사용자에 대한 이해 등 작은 것에서부터 실현 가능한 일이다.

DDP라 불리는 '동대문 디자인 프라자'라는 건물이 있다. 비정형 건축의 대가 故 자하 하디드의 작품으로 서울의 새로운 랜드마크이다. 보통 안전은 설계의 자유로움을 제한하는 것이라고 생각한다.

하지만 이 유명한 비정형 건물도 안전을 소홀히 하지 않았다. 건물 전체의 안전설계는 정확히 어떻게 진행되었는지 모르지만, 하나의 예를 통해 안전에 대한 고려를 잊지 않았다는 것을 알 수 있다.

이 사진은 DDP 건물 외부에 설치된 '라이프라인'이다. 유지보수 작업 시 개인추락방지장치(Personal Fall Arrest System/PFAS)를 고정하기 위한 장치가 '라이프라인'이다. 우연히 DDP 근처를 지나다

라이프라인

DDP(동대문 디자인 프라자)_故 Zaha Hadid, 2014

가 누군가가 '라이프라인'을 보고 설계 디자인 요소로 착각하고 역시 건축 대가는 디테일에도 신경을 많이 쓴다고 이야기하는 것을 들었다. 물론 건축 대가는 디테일에 많은 신경을 쓴다. 하지만 이 디테일은 안전을 위한 디테일이다. 안전은 DDP 사례와 같이 설계의 자유로움을 억제하고 디자인을 망치는 것이 아니다. 작은 배려와 디테일이 안전의 시작이다. 그 작은 배려가 오늘도 누군가를 무사히 가족의 품으로 돌려보내고 있다는 것을 잊지 말아야 할 것이다.

7. 작지만 큰 효과!

동선(動線)이란 공간에서 사람 또는 물건이 이동하는 길을 뜻한다. 즉, 많은 움직임이 겹치는 장소라는 뜻이다. 앞서 배운 위험성의 개념을 대입해 본다면, 큰 피해(Severity)를 받지는 않겠지만 수많은 사람들의 움직임이 겹치는 곳으로 발생빈도(Probability: 위험노출도)가 높은 곳이다.

즉, 위험성(Risk) 자체는 항상 높게 평가되는 장소이다. 계단 등에서의 안전사고가 이런 이유에서 발생한다.

動線 움직임 = 위험
공간에서 사람이   많은   노출된
움직이는 거리
무심히 넘어가기 쉬운 동선계획에 숨겨진 위험성이 있다.

그러나 높은 발생빈도에 비해 몇 가지 작은 조정만으로도 위험성을 크게 떨어뜨릴 수 있는 아주 쉬운 장소이기도 하다.

계단 등을 설계할 때 적절한 핸드레일 배치와 계단참 등으로 안전한 동선공간을 제공할 수 있다. 작은 조치로 큰 효과를 나타내는 것이다.

8. 밀폐를 피해라

산업안전보건기준에 관한 규칙 제68조에 따른 밀폐(密閉)된 공간이란, 산소결핍, 유독가스로 인한 화재 · 폭발 등의 위험이 있는 장소를 뜻한다.

대부분이 2차원 도면에서 작업이 이뤄지는 설계단계에서는 놓치기 쉬운 위험장소 중 하나이다. 그렇기 때문에 설계안전성검토를 통하여 밀폐된 공간을 정확히 파악하고 최소화시키는 방향을 찾아야 한다.

화재, 정전 등 비상상황에 대해서는 위험성 평가가 필요 없다. 단 한번의 위험이 큰 피해를 야기할 수 있기 때문이다.

Risk(위험성) = 발생빈도 x 심각성

비상상황에 대한 위험성은 평가대상이 아니다. 단 한번의 위험이 큰 피해를 가져다 주기 때문이다.

따라서 비상상황을 위해서는 위험성 저감대책보다는 상황에 대처하는 장치, 화재경보기, 스프링클러, 가스차단기 등 피해를 최소화하는 시스템이 필요하다.

특히나 화재를 대비하여 화재에 취약한 구조 및 재료에 대한 검토가 사전에 이루어져 피해를 최소화시키는 노력이 필요하다. 제천 스포츠센터 참사와 같은 비극이 다시는 일어나지 않도록 열에 약한 외단열재에 대한 고민도 여기서 검토되어야 한다.

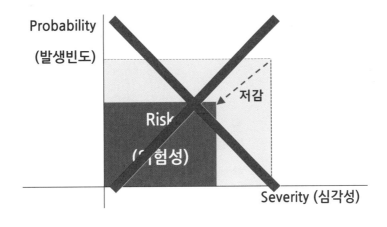

10. 자연을 두려워하라

마지막 항목은 앞선 비상상황에 대한 항목과 크게 다르지 않다. 천재지변(天災地變)은 막을 수는 없지만 발생 시 피해를 최소화하는 방안을 고민하여 설계에 반영해야 한다.

천재지변은 지진, 태풍, 홍수 등 Macro한 기후상황만 한정하는 것은 아니다. 작게는 겨울철 고드름처럼 Micro한 기후상황에서 발생하는 것도 포함한다. 그리고 Micro 기후상황은 설계단계에서 충분히 대처가 가능하다.

자하 하디드 사무실에서 최근 러시아에서 다수의 프로젝트를 진행하였는데 이 중 한 프로젝트의 외부가 고드름이 쉽게 달리는 형태로 디자인된 것이 있었다. 러시아의 고드름은 한국과 달라 엄청난 피해를 야기할 수 있다. 그래서 안전성검토 후 유선형 외벽으로 변경하여 고드름을 방지하도록 하였다. 직선형 외벽에서 유선형 외벽은 시공의 난이도는 비록 높아졌지만, 고드름 피해를 영구적으로 막을 수 있는 효과를 가져왔다. 이처럼 작은 설계변경도 자연의 위험성을 방지할 수 있다.

책을 마치며 돌아보니, 깊지 못한 지식으로

다소 미흡한 설명이 많습니다.

양해 부탁드립니다. 감사합니다.

안전설계의
첫걸음

ⓒ 이승순, 2019

초판 1쇄 발행 2019년 9월 16일

지은이   이승순
펴낸이   이기봉
편집   좋은땅 편집팀
펴낸곳   도서출판 좋은땅
주소   서울 마포구 성지길 25 보광빌딩 2층
전화   02)374-8616~7
팩스   02)374-8614
이메일   gworldbook@naver.com
홈페이지 www.g-world.co.kr

ISBN   979-11-6435-634-8 (13540)

이 도서의 국립중앙도서관 출판예정도서목록(CIP)은 서지정보유통지원시스템 홈페이지(http://seoji.nl.go.kr)와 국가자료공동목록시스템
(http://www.nl.go.kr/kolisnet)에서 이용하실 수 있습니다. (CIP제어번호 : CIP2019034660)